苏作匠心录丛书

古建筑技工培训考试用书

古 建 筑 瓦 工

周　骏　编著

袁小芳　校审

中国建筑工业出版社

图书在版编目（CIP）数据

古建筑瓦工/周骏编著. —北京：中国建筑工业出版社，2016.10
苏作匠心录丛书 古建筑技工培训考试用书
ISBN 978-7-112-19620-3

Ⅰ. ①古… Ⅱ. ①周… Ⅲ. ①古建筑-瓦工-技术培训-教学参考资料 Ⅳ. ①TU754.2

中国版本图书馆 CIP 数据核字（2016）第 170365 号

苏作匠心录丛书
古建筑技工培训考试用书
古建筑瓦工
周　骏　编著
袁小芳　校审

*

中国建筑工业出版社出版、发行（北京西郊百万庄）
各地新华书店、建筑书店经销
霸州市顺浩图文科技发展有限公司制版
北京同文印刷有限责任公司印刷

*

开本：850×1168 毫米　1/32　印张：7¼　字数：192 千字
2016 年 10 月第一版　2016 年 10 月第一次印刷
定价：**20.00** 元
ISBN 978-7-112-19620-3
（29122）

本书包括 5 章，分别是：香山帮古建筑瓦工（水作技艺）概述；香山帮古建筑布置定位与建筑基础；香山帮古建筑主体构造、用材及营造技术；香山帮古建筑屋面铺设的技术要求；香山帮瓦工（水作技艺）图释。文后还有附录：香山帮古建筑类型图释、香山帮工匠的行话。

　　本书可作为古建筑技工培训考试用书，也可供从事古建筑施工的操作工人、技师使用。

　　特约编辑：徐　伉
　　责任编辑：胡明安
　　责任设计：李志立
　　责任校对：党　蕾　张　颖

苏州重元香山营造有限公司出品

《苏作匠心录丛书》序

　　苏州是吴文化的发祥地之一，也是世界上文化资源总量最多、门类最齐全的城市之一。特别是在明清时期，苏州的创意设计已在全国独领风骚，形成了独具风格的"苏作"产业，如著名的"苏绣"、"苏扇"、"苏作家具"、"吴门画派"、"苏作玉器"、"苏州园林"等，这些以地域命名的特色产品从设计到加工工艺、手段都具有独创性，这就是历史上的创意产业。当时的苏州是引领全国的时尚之都，京城的皇族、贵族都以拥有"苏作"文化产品为荣耀。近年来，"苏作"设计、工艺与营造产业在继承传统优势的基础上突飞猛进，不仅在传统行业，在许多新兴产业也展现出"苏作"的特征。而建筑是城市的脉络，是城市发展的根，对于苏州这座拥有 2500 多年历史的名城，园林建筑就是苏州的城市之根。在历史演进的过程中，苏州不仅形成了园林、民居、小桥、流水等独具特色的建筑与城市风格，还孕育了一支在中国乃至世界建筑史上声名卓著的建筑技艺流派，这就是香山帮。可以说，香山帮作为苏州古典园林与传统建筑的缔造者和传承者，其传统建筑营造技艺堪称"苏作"中的第一作，因为正是苏州古典园林和传统建筑为"苏作"提供了空间载体，使物质文化遗产和非物质文化遗产得以在此交集容纳。

　　苏作匠心录丛书的选题、编撰、出版就是致力于汇集整理、研究传播"苏作"在当代的发展与实践，它既是一个重要的文化研究课题，也是一套有关深度苏州的出版物。编者于此寄望当代"苏作"能够为营造一种源流传统、精致优雅的苏州生活方式，而呈现与古为新、承古融今的美学价值和社会价值。本丛书分为三大版块：一是苏作园林建筑，二是苏作传统工艺美术，三是苏作当代设计。值得强调的是，这三大版块的内容更是聚焦于当代苏作匠人、设计师、学者的精工开物,因此,匠心录就成为他们研创磨砺、殚精竭虑、心血汗水与激情的一份记录与总结。

古老的苏州城在发展的漫漫长路上,其空间哲学与生活美学一直在经历着更迭与融合,其间,"苏作"始终是参与空间建构和文化建构的一支主力。今天,我们更有理由相信,在这片大吴胜壤上,"苏作"正以构筑传统与现代、历史与未来的融合之境,为我们展开一幅当代匠心的阐释之卷。

是为序。

周 骏
苏州重元香山营造有限公司总经理
徐 伉
重山文化传播中心总编辑
2016 年 6 月于苏州

前言：香山帮传统建筑营造技艺导论

2009年9月28日至10月2日在联合国教科文组织保护非物质文化遗产政府间委员会第四次会议中，审议并批准了列入《人类非物质文化遗产代表作名录》的76个项目，其中包括中国申报的22个项目；审议并批准了列入《急需保护的非物质文化遗产名录》的12个项目，包括中国的3个项目。由苏州香山帮传统建筑营造技艺等多项目打包的"中国传统木结构营造技艺"正式入选人类非物质文化遗产代表作名录。

中国传统木结构营造技艺是以木材为主要建筑材料，以榫卯为木构件的主要结合方法，以模数制为尺度设计和加工生产手段的建筑营造技术体系。营造技艺以师徒之间"言传身教"的方式世代相传。由这种技艺所构建的建筑及空间体现了中国人对自然和宇宙的认识，反映了中国传统社会等级制度和人际关系，影响了中国人的行为准则和审美意向，凝结了古代科技智慧，展现了中国工匠的精湛技艺。这种传统建筑营造技艺体系延承七千年，遍及中国全境，并传播到日本、韩国等东亚各国，是东方古代建筑技术的代表。

蒯祥画像

北京明代故宫作为中国传统建筑的典范和艺术瑰宝，是蒯祥及以蒯祥带领的香山帮匠人集体营造的。蒯祥充当了"鲁班"的角色，是总设计师。蒯祥是苏州香山渔帆村人。生于1398年，卒于1481年。香山是山名又是地名，今属苏州胥口镇。香山是"吴中第一峰"穹隆山的余脉。高仅120m，虽小，但地处幽雅，风光旖旎，颇具形胜。香山帮以木匠领衔，是一个集木匠、泥水匠、石匠、漆匠、堆灰匠、雕塑匠、叠山匠、彩绘匠等古典建筑中全部工种于一体的建筑工匠群体。明永乐年间，蒯祥设计营造了北京故宫、天安门、午门和两宫。明正统年间，领导过重建三大殿、五府、六部衙署和御花园的建设工程。京城中文武诸司的营建，也大多数出于他手。他奠定了明清两代宫殿建筑的基础，所以明代故宫的鸟瞰图上，把蒯祥的像画在上面。

蒯祥精于建筑构造，"略用尺准度……造成以置原所，不差毫厘"，他擅长宫殿装銮，把具有苏南特色的苏式彩绘和陆墓御窑金砖运用到皇宫建设中去，他自己"能双手握笔画龙，合之为一"，他还善于创新，发明了宫殿、厅堂建设中的"金刚腿"（俗称"活门槛"）而被授职"营缮所丞"。蒯祥技艺超群，"凡殿阁楼榭，以至回廊曲宇，随手图之，无不中上意"，不久便擢升为工部左侍郎，食从一品俸禄。对于蒯祥的建筑造诣，当时就有极高评价，同行叹其技艺如鬼斧神工，而在京城"违其教者，辄不称旨"，皇帝也"每每以蒯鲁班称之"。蒯祥晚年，还经手建造十三陵中的裕陵。到宪宗成化年间，他已80多岁，仍执技供奉，保持着"蒯鲁班"的称号。他是一个时代建筑工艺水平的代表，堪称香山帮建筑工匠中的泰斗。因此，蒯祥被尊奉为香山帮匠人的鼻祖。

香山帮传统技艺一般分为木作、石作、瓦作（水作）、土作（土功）、搭材作（架子工、扎彩、棚匠）、油漆作、彩画作、裱糊作等八大专业。仅就木作而言，大木作是指木构架建筑的承重部分，又是木建筑比例尺度和形体外观的重要决定因素，大木作由柱、梁、枋、檩等组成，匠人从事房屋梁架建造，上梁、架檩、铺椽、做斗拱；房屋的设计也归属大木作；小木作负责进行建筑装修和打造木制家具，包括门板、挂落、窗格、地罩、栏杆、隔扇等；清以后小木作中又产生了专门的雕花匠。

拥有众多工种的香山帮匠人，几乎是中国传统建筑工匠的缩影。他们使用的材料只是木石泥砂，他们的工具只是斧凿锯锤，他们的理想只是营营生存，他们却用自己的技艺演绎出精美的建筑作品。用木石表现古典的繁复，用泥水铺砌皇家的严谨，用桥梁架设诗画的意境，用园林凝固文人的理想。

"香山帮"是一个集木作、水作、砖雕、木雕、石雕、漆饰等多种工艺的建筑营造群体。具有建筑工程整体营造能力。在长期的建筑实践中，形成了色调和谐、结构紧凑、制作精巧和布局机变等独特风格，成为中国古建筑的一支经典流派。

今天，在中国建筑工业出版社的发起下，苏州重元香山营造有限公司组织有关编写人员和校审专家出品了《苏作匠心录丛书》之"古建筑技工培训考试用书"，全套 5 本，包括《古建筑木工（木作技艺）》、《古建筑瓦工（水作技艺）》、《古建筑砖细工（水作技艺）》、《古建筑假山工（假山技艺）》、《古建筑油漆工（漆作技艺）》，希望能为我国的传统建筑营造事业和技艺、技术人才队伍的传承、培养贡献绵薄之力！

由于编、校者水平有限，一定会存在错误与缺陷，望广大专家、读者及时指正为盼！

目　　录

1 古建筑瓦工（水作技艺）概述

教学目标

　掌握"水作"、"八大作"、"瓦作"、"瓦工"、"泥水匠"等概念的基本定义；了解这些概念的形成和演变过程；对香山帮"水作"技艺的范畴和形成过程有大致了解。

1.1　水作技艺概述

　"水作"是香山帮技艺中一个比较宽泛的技艺范畴，也是香山帮及所有古建筑中一项非常重要的技艺工种。在香山帮形成初期，其工种划分只有"木作"、"水作"和"小工"等少数几个工种，因此人们在实际操作过程中，将凡是要用到水和泥的工作都统称为"水作"，从事"水作"的工人在香山帮中也称为"泥水匠"，如图1-1～图1-4所示。

　　图1-1　苏州园林博物馆中　　　　图1-2　苏州园林博物馆中泥塑的
　　　泥塑的瓦工砌墙场景　　　　　　　瓦工拌纸筋、粉墙场景

随着香山帮技艺的不断发展和成熟，"水作"的内容得到了

图1-3　苏州园林博物馆中泥　　　　图1-4　苏州园林博物馆中泥
塑的瓦工碎石铺地场景　　　　　　塑的瓦工夯实地基场景

进一步细分，很多技艺工种都从"水作"中独立出来，逐渐形成了古建的"八大作"。所谓"古建八大作"具体而言一般是指"木作、瓦作、土作、石作、搭材作、油漆作、彩画作和裱糊作"。这八大工种。不过这样的工种分类也仅限于清末时期北方古建行业所使用，南方的香山帮匠人并没有"八大作"的叫法。根据现在南方地区通用的古建筑技术培训课程所开设的科目来看，大致可以分为木作、瓦作、木雕、砖细、砧刻、石雕、油漆、泥塑、彩画、假山和砌花街十一个培训工种，其中的砖细工、堆塑工、砧刻工和砌花街工都属于"古建筑瓦工"范畴，这四个工种也是作为一名香山帮"泥水匠"所必须掌握的技术要领。本套教材收录的水作技艺为瓦工和砖细工。

　　水作工种在香山帮中占有十分重要的地位，过去它是仅次于"木作"的第二大工种，香山帮的"泥水匠"供奉张班为祖师。据说张班是和鲁班同时代的人，这样说来，张班的生活年代要比香山帮公认的木匠祖师爷蒯祥要早很多。由此可见，张班和鲁班一样，应该是所有建筑瓦工的祖师爷，并不是香山帮特定的祖师爷。但此种说法也未见有确切的考证，仅存此一说。

　　如今由于将水泥砂浆的操作技术归入"泥水匠"工种并且水泥砂浆的应用在建筑中显得越来越重要，使得"泥水匠"的作用在香山帮中也越来越重要，在某些工程中"泥水匠"的作用甚至超过了"木匠",瓦工工作情景见图 1-5～图 1-9。

图 1-5　旧照片中瓦工砌墙情景

图 1-6　瓦工搅拌水泥情景

图 1-7　旧照片中瓦工
搬运地基毛石情景

图 1-8　瓦工们在室内粉刷情景

图 1-9　瓦工在屋面铺瓦情景

"泥水匠"工种在香山帮中是最辛苦的工种，它不但有很多繁重的体力活，还要长期在室外进行露天作业，有时为了使下一道工序的按时进行，"泥水匠"们必须在严寒酷暑的环境下完成工作，因此在香山帮工匠中流传着这样一种说法，叫作"前世里死忒亲爷（爹）娘，今世里落得个泥水匠。二月里响乘风凉，六月里响孵（晒）太阳。"香山帮"泥水匠"工种的工作辛苦程度可见一斑。

1.2 瓦工概述

瓦工主要是指从事"水作"工种的匠人。在香山帮里"瓦作"和"水作"是同一概念，"瓦工"和"泥水匠"也应看作是同一指向。在传统的香山帮里，人们习惯将瓦作和砖细合称为"水作"，其实"水作"还应该包含现在分列出来的房屋基础、墙体砌筑、粉饰、屋面、室内外铺地、铺台阶、砌花街、花漏窗、砖细砖雕等多个工种，因为在过去这些工种都属于砖细的范畴。为了使古建筑南、北两种做法在称呼上的统一，在最新编写的《古建筑修建工程施工及验收规范》JGJ 159—2008 中将香山帮和其他建筑流派称呼为"水作"的工种统一称作"瓦作"，"泥水匠"也称作"瓦工"。

复习思考题

1. 填空题

（1）早期的香山帮，工种划分只有（木作）、（水作）和（小工）等少数几个工种。

（2）所谓"古建八大作"具体而言一般是指"木作、（瓦作）、（土作）、石作、（搭材作）、油漆作、彩画作何裱糊作"这八大工种。

（3）现在南方地区通用的古建筑技术培训课程所开设的科目共有（11）类工种，其中（砧刻工）、（砖细工）、（堆塑工）和（砌花街工）就属于"瓦工"范畴。

（4）据说香山帮的"水作"祖师爷认定的是鲁班同时代人，叫（张班）。

（5）传统意义上将古建筑房屋的（基础）、（墙体砌筑）、（粉饰）、屋面、室内外铺地、台阶、花漏窗、砖细砖雕等工艺的做法均属于瓦作工艺。

2. 判断题

（1）传统的"八大作"并没有"泥水匠"这一工种。　（√）

（2）"水作"也叫"泥水匠"。　　　　　　　　　　　（×）

（3）所谓"古建八大作"是指"泥水匠"的八个分支工种。

　　　　　　　　　　　　　　　　　　　　　　　　（×）

（4）香山帮"泥水匠"工种是所有工种中比较轻松的一项。

　　　　　　　　　　　　　　　　　　　　　　　　（×）

（5）香山帮和其他建筑流派称呼为"水作"的工种也可以叫"瓦作"，"泥水匠"就是"瓦工"。　　　　　　　　　（√）

（6）香山帮的"泥水匠"名扬天下，有"江南瓦工皆出于香山"的记载。　　　　　　　　　　　　　　　　　（×）

3. 简答题

（1）什么是传统的"八大作"？

答：八大作是清末时期北方建筑的工种分类，具体而言是指"木作、瓦作、土作、石作、搭材作、油漆作、彩画作何裱糊作"这八大工种。南方地区没有这种分类称呼。

（2）简述"瓦工"在香山帮中的地位。

答："瓦工"在香山帮中占有十分重要的地位。过去它是仅次于"木工"的第二大工种，如今由于将水泥砂浆的操作技术归入"泥水匠"工种并且水泥砂浆的应用在建筑中显得越来越重要，使得"瓦工"的作用在香山帮中也越来越重要，在某些工程中"瓦工"的作用甚至超过了"木工"。

（3）传统意义上的"瓦工"工艺主要包括那些范畴？

答：传统意义上将古建筑房屋的基础、墙体砌筑、粉饰、屋面、室内外铺地、台阶、花漏窗、砖细砖雕等工艺的做法均属于瓦作工艺。

2 古建筑布置定位与建筑基础

教学目标:

了解古建筑的布置定位的原理和其特有的因素,掌握建筑的开间和进深尺寸;了解古建筑基础的开挖过程和使用工具;掌握地基土层分类和各类建筑基础形态;掌握台基平面形态以及各类地坪和江南民居宅第、寺观庙宇、水乡古街、私家庭院、古塔、古桥、古井、古墓的营造方法及过程。

中国建筑历史悠久,江南古建筑房屋的设置布局规划更是独具匠心,粉墙黛瓦,变幻莫测,在做工上讲究精雕细凿。其造型别致,小巧玲珑,随意布置在山水园林之中,构成了主要以苏州为代表的江南古建园林(俗称江南园林)及其他各类古建筑群。

从明代大型宅第布局来看,一般前房后园,在主轴线上依次布置为照墙、门厅、轿厅、大厅、楼厅。楼厅后面一般高筑界墙,开设后门。主轴线上的构筑物称"正宅"(正落)。正宅两边各有一根副轴线,其线上的构筑物称"附房",左边主要布置备厅、书房、下房,右边主要布置女厅、厨房、库房,两边通往各附房的通道之间设置备弄连接。大型住宅前后多为四进,天井的进深多数与厅堂檐高基本相等。大厅主要是接待宾客之用,楼厅是主人起居的生活之所,一般外人不可随意进入。建筑物造型格局都是前低后高形式,俗称"步步高升",在民间比较流传。

中型宅第一般以三进为多,后楼厅天井设厢房,相比大型住宅要小,同样可设置附房,穿厅过室。

小型宅第多以平房口字形式院落为主。布局简洁,结构也比较简朴,一般都是用穿斗式木结构。中大型宅第的楼房结构要复杂得多,都是用抬梁式结构。大型单层厅堂可作穿斗式和抬梁式混合结构。明清时期的古建筑都是依靠木构架支承上部荷载，有圆梁、扁作梁等构架设立柱的形式建造。讲究的楼厅还做成雀宿檐式，像雀宿檐这种结构不仅有实用价值，还有观赏价值，现在在江南一带偶尔能看到，其他地方则较为少见。

不论建筑物如何建造，在布置定位丈量时对基础放线都应注意支承上部结构的立柱位置。这就需要瓦工与木工的细致配合，应多观察减少差错。而门洞留设、墙体宽厚都是瓦工必须注意的关键部位，操作时务必留意。四进宅院的建筑布局见图 2-1。

图 2-1　四进宅院的建筑布局

2.1　古建筑布置定位

2.1.1　确定建筑物位置

房屋是人类居住、创业、经商、文化、体育和宗教活动不可缺少的场所。建筑营造面广量大，单体庞大，地质、地貌、地基情况复杂，材料多种多样。因此，在房屋建造中必须一丝不苟，认真操作，充分发挥古建筑的工艺技术。

古建筑营造技术是一门专业科学技术，瓦工是古建筑中的主要工种之一。要求工匠不仅要熟知一定的工艺原理和掌握施工方法，同时还要具有研究、保护及安全修复古建筑的专业理论知识。古建筑门类很多，形式各异，建筑物布置与建造工

图 2-2　典型的江南园林示意图

艺技术复杂，既有美学理论与文化内涵，又有科学、自然环境学、民族建筑学以及自然地貌的综合实践要求，因此，古建筑营造是一门工艺性很强，技术要求很高的专业技术。图 2-2 为典型的江南园林示意图。

中国幅员辽阔、地大物博，江南的城市富饶美丽，古建筑荟萃规模宏大而不失秀丽，江南山水奇特挺秀，小巷小桥众多，宅院大多四周石窟回廊，内有中央碧池绿水。随着历史的进展，各种建材资源更新，建造工艺技术水平的提高，古建筑技术有了长足的发展。早在殷商时期，我国已开始用水来测定平衡，用夯实的土壤作房屋地基，在战国、秦汉时期已有专门用于建筑的砖瓦烧制，人称"秦砖汉瓦"，还有特制的楔形砖和企口砖砌筑拱券和穹隆顶，有单层双层和多层券。此时已有了精巧的榫卯技术应用，表明木构架砖木建筑的营造工艺已达到相当水平。木构建筑形式有抬梁式、穿斗式和井干式等，楼阁建筑逐步增多，并大量使用了成组斗栱。至两晋、南北朝、隋唐五代时，砖瓦、石、石灰、土、钢铁、矿物颜料、油漆开始应用，建造技术已日臻成熟，瓦工营造技术不断提高。夯土技术被广泛用于建造房屋、古城墙、古墓等。半圆形穹隆顶还被用于宫殿、古墓洞口等。唐代时期，随着国力昌盛，建筑营造有着极大的发展，那时筑房造屋操作技术达到了相当高的水平。宋、辽、金时代开始在建筑物基础中打入木桩，以增强基础抗载能力。

我国在古代就有砖塔和石拱桥出现，如江南名胜虎丘塔（图2-3）、河北的赵州桥（图2-4）、北京的卢沟桥（图2-5）等，可看出砖石结构的发展和营造技术水平的提高。同时出现室内外装饰构件，使建筑物更加秀美可观。香山帮的建筑营造技艺在明清时期达到了一个巅峰时间，如明代的南京、明清早期的苏州、清中期的扬州等地古建筑建造的规模都很大，同时出现精雕细刻的制作工艺技术。为古建筑建造史上又增添了辉煌一页。

图 2-3　江南的虎丘塔

图 2-4　河北的赵州桥

图 2-5　北京的卢沟桥

　　古建筑营造技术要求很高，形式多样，各具特色，必须多工种配合操作才能把一座完整的建筑物建造出来。但在整个建筑营造中瓦工占了相当大的工程量。从布局定、位放线到开挖地基基槽、基坑；从砌筑基础铺筑锁口地坪起，一直到主体砌筑、内外墙体粉刷、屋面铺设、内外地坪铺设，全部都由瓦工来完成。

　　中国古建筑从形式和使用功能上大致可分为宫殿建筑、私家民居建筑、祠庙建筑、陵墓建筑等几大类。其中私家民居建筑还分以江南一带为代表的"苏派"、安徽的"徽派"、福建广东的"闽南派"和以北方北京为代表的北派，也称"皇派"官式建筑。皇家建筑主要建于皇帝建都的城市，如唐代西安、洛阳，北宋的开封，南宋的杭州，明代的南京，元代、明末清初时期的北京等都城，皇家建筑气势宏伟，体积庞大，占地面积较大，体现出统治者高高在上的皇家气魄。但香山帮营造的建筑，多是"江南"一带的私家民宅和寺院建筑。如图2-6、图2-7所示。

图 2-6　江南民宅

图 2-7　江南寺庙（寒山寺）

私家古建筑规模比较小，带有住家性质，因此建造的宅第及庭园建筑，小巧玲珑，千姿百态，变化多样，有着较强地方民族特色的建筑风格，显示出地方匠师的超群工艺技术。除寺院外，在布局上都遵循民居宅第的建造格式，一般有门厅、正厅、居室、客厅、书房、附房及假山庭院和亭、台、楼、阁、榭等建筑物组成的建筑群体。图2-8为苏州网师园平面图。

中华民族有着五千多年的悠久文化历史，建筑遗存很多，但现保留的古建筑也仅是历代工匠所建造的建筑中的一小部分。其中以"唐宋"、"明清"时期留下的古建筑居多。对于江南的古建筑，由于这里雨水量较多，木材容易腐烂而不易保存，现保留至今的古建筑大多为明清时期的建筑，这些建筑在新中国成立后曾多次整治修复，才得以完整保存。现在这些难能可贵的建筑遗产已成为供大家挖掘、保护和研究的对象。古人建造的建筑风格、

图 2-8 苏州网师园平面图
（私家园林案例）

文化内涵和建造工艺技术的继承和发展，对现今建筑起到了不可替代的作用，需要我们每一位建筑工作者去好好研究。

对一幢建筑或一片古建筑群而言，建得好与坏直接影响它的整体效果，特别是对于园林建筑，一定要有丰富的创造性和较强的艺术性。因此，不管在地基选址、建筑物布局、建筑的体量与朝向，以及与地形地貌起伏高低的结合以及与邻近建筑风格保持一致等因素都是十分重要的。此外还应满足业主的使用功能等，只有这样方方面面地考虑周全，才能建造出完美的建筑物来。

古建筑的定位有着它独特因素，这同"现代建筑定位有所不同"。因古建筑是房屋中一种分散的单体建筑物，依不同用途都有着它各自的名称。像"寺庙建筑"、"古塔建筑"、"祠堂建筑"、"商会会馆建筑"、"宅第民居建筑"、"商铺水乡古街建筑"、"苏州园林式古建筑群"等等。各种古建筑都有它自己的风格、式样、规模及使用功能，规划布局、定位也不完全一致。因此，在定位放线时应根据各自使用者的要求和经济状况合理规划，确定每个单体的建筑物面积与相接建筑物座向等，古建筑虽然都是单体建筑，但建筑与建筑之间都要相互联系，通过厢房或曲廊与其他建筑物相连通，使人们在雨天行走时可以得到遮蔽，不受雨淋，这也是江南古建筑中的一种独特风格特点，是古代工匠针对江南雨水较多等因素而因地制宜的做法。

在江南一带的古建筑体量要算寺院最大，古塔大都是建于寺庙之内。它的轴线与祠堂、商会会馆、古戏台等建筑物基本差别不大，都以中轴线为标准定出中心线，立出中部建筑为主要建筑物。就像寺庙建筑分布一般来说都是以牌楼或石牌坊开始，接着由八字照墙、山门、天王殿、大殿、藏经楼、古塔等建筑所构成。中轴线建筑比较重要，由于寺院中轴线上的建筑物空间间距较大，中间还要布置放生池、香花桥、露台等附属设施。其他建筑如厢房、配殿、钟楼、鼓楼、斋堂、僧人用房及活动院落等，规划布置在两侧建造。

在古建建筑物中能称"殿"的建筑，除皇家建筑的宫殿以外，只有寺庙、道观才能称呼为"殿"，所谓"殿"，因其建筑宏大，象征着高贵富丽庄严，是供奉神佛的地方。就像佛教圣地杭州"灵隐寺大雄宝殿"，苏州道观"玄妙观三清殿"，曲阜"孔庙大成殿"，普陀山"普济禅寺圆通殿"，山西太原"晋祠圣母殿"等。除皇家宫殿外，所有寺庙、道观大殿建筑都供奉着各种称谓的神像，神像高大，因此建筑都很雄伟，还建其他配殿建筑，像"观音殿"、"地藏殿"、"弥勒殿"、"药师殿"、"伽蓝殿"、"雷神殿"、"文昌殿"、"关帝殿"、"财神殿"、"玉皇殿"等等。都象征着宗教文化的普及与宗教信仰自由。这些大殿建筑都是古建筑的精华所在。图 2-9 为苏州玄妙观三清殿全景。

图 2-9　苏州玄妙观三清殿全景（寺庙建筑案例）

祠堂中轴线基本与寺庙相同，但建筑面积与规模相对较小，布局较密集，前房后房中间内设天井，左右两侧设厢房，梁枋制作雕刻精细。一般祠堂用作族姓集会、供奉祖宗、入编家谱所用。正门前面大都采用一字照壁墙或八字照墙，侧面接通山墙，有开正门、侧门做法。如开侧门的前照壁具有富丽豪华的砖细雕刻和石雕合并作为装饰物，起到内部观赏所用。照壁墙相对着门厅，作"祠堂正门"，门安装于脊中，底部设置抱鼓石金刚腿和头门将军门（俗称"门当户对"），以及月兔墙等作内外分隔作用，前天井上启一步台阶作大门厅室内地坪标高。通过两边厢房可进入前客堂（又称"轿厅"），前客堂与前门中间天井一般间隔距离不小于前门厅一进的檐高（但不是绝对依据尺度），如面积有余还可增大天井进深。中间石板铺设御道，前客堂建筑前面是轩架外走廊，通向两边山墙外备弄。山墙开设门洞，便于两边进出，前客堂比大门厅上升二步台阶作客堂地坪，前客堂中间向后可突出，后面砖砌包檐墙，两次间设隔弄（小天井）不能通行，可点布景观，种植植物作通风之用，中间砌筑砖细墙门楼，富贵人家大都是砖雕工艺门楼，工艺精细，刻有戏剧人物及民间传统吉祥物和云纹线脚，下枋回纹中间字碑兜肚，上枋下口一块玉平面雕刻，漏空挂落栏杆等作为装饰。普通人家小祠堂可用砖砌堆灰工艺，简化做法，用材不同，造价低廉，形式相同也可起到一定效果。如图 2-10、图 2-11。

　　过前客堂进入正厅，正厅是供奉祖宗神像的地方，建筑一般较好，采用雕梁画栋与彩绘的建筑营造方法来装饰厅堂。从正厅向前客堂看去有一座比较豪放的精雕细刻的工艺门楼。正厅是整个祠堂最大的厅堂，地坪比前客堂又提高一踏步。两边山墙贴有磨细青砖，上口做成线脚作内墙装饰，前后有外走廊设门洞通往备弄，人多集中时可从此分流，起到合理布局、安全等作用。

　　最后一进是堂楼，起着整个祠堂管理接待，还可作居室之用，登记收藏家谱书籍，也是祠堂中比较重要的建筑物。建筑物最高，地坪位置也最高，前设两道长廊通向正厅两边间，后面布设小花园作后门通道，这是一般祠堂通常的中轴线所布局定位的主要建筑物，也是祠堂的重要建筑。大多数祠堂都是以三开间或五开间标准来建造，两山墙衬托通长备弄。祠堂建筑座向都偏斜东南 5°～15° 为最佳朝向。

图 2-10　江苏按察使衙门前的抱鼓石

图 2-11　头门的抱鼓石和将军门合成"门当户对"

　　主建筑两边可建造比中轴线建筑小的厅堂、居室、接待室、膳房、柴房、附房等建筑，主要起着招待远道而来的本姓族人之用，建筑基本同中轴线相似，但比例尺寸要小得多，就像吴江同里"陈御史宅"，"庞家祠堂"（现珍珠塔公园内）都是以这种布局来建造自己的宅第和祠堂祭拜自己的祖宗。这两座建筑物至今保留比较完整，是明清时期留下的建筑物。

　　一般普通人家的祠堂可能在建造时不会那么宏大壮观、精雕细刻，采用普通建筑构造，全部由泥瓦工来完成各种装饰及堆塑工艺，用纸筋灰叠塑的办法使这些工艺装饰与雕刻起到同样效果，看上去简朴美观，这是古代工匠的智慧结晶。如图 2-12 所示。

　　商会会馆建筑在江南一带是常见的古建筑群。因在明清时期的苏州、杭州、扬州都是商业兴旺、经济发达地区，交通方便，河道众多，都是水网古城，京杭大运河在这三座古城穿越而过，商人往来频繁，在古代各省都有着会馆和联络处，故设立在这三

图 2-12　苏州尚志堂吴宅漆雕平面图（轿厅、门厅、大厅、楼厅、
　　　　膳房、柴房、备弄等一应俱全）

座古城内的商会会馆较多。因各地的商人都会加盟到自己所在省的商会中，所以各省都要把自己的商会会馆建造得比较宏伟壮丽，使自己的生意更兴旺，许多商人愿为自己的商会会馆出力出钱，选好会馆的地址，布置好会馆的每一座建筑物，使会馆有着良好的环境，出入更方便，门面标致美观。

　　会馆建筑朝向与祠堂建筑朝向基本相似，但布局有所不同，会馆主要向外展示辉煌，有商业气息。祠堂外貌简朴，室内美丽豪华、精雕细刻。所以两种建筑布局各有千秋。会馆的大门门楼都制作精细、豪华、美观，让人感觉到商贸兴旺，大多数会馆是外八字式围墙，门厅向内凹进，形容经商大进小出，进得快出去慢的寓意，所以把门厅往内凹进是商会会馆建筑特点，意味着财源广进之含义。

　　走进大门连着门厅天井与两厢相接，接着就是客堂，接待一般普通客人做会客接待之用，一般都是以三开间为主，如有官方贵宾和主要客人就进入正厅接待，正厅多布置在第三进。有条件气派大的会馆在二进客堂后面正间放出戏台一座，如苏州的全晋会馆、潮州会馆等，客人可坐在大厅两边楼厢房就可以看戏。正厅两边的附厅还设置休息厅和小花厅，吃饭设饭厅，过宿有客

房，重要贵客可安排住堂楼。休息散步有花园、水榭、曲桥、曲廊、荷花池、观鱼台、假山等配套设施。整个布局定位也非常紧凑合理，但给人的感觉是密而不乱。其他附房设施都布置两边紧依侧面小厅，形成一座当代设施齐全宏大的古建筑群（安徽会馆就设有花园），作接待商人之用，如图 2-13～图 2-15 所示。

图 2-13　苏州来凤桥安徽会馆　　　　图 2-14　苏州全晋会馆的戏台

图 2-15　苏州来凤桥安徽会馆的客堂

古民居宅第：许多宅第民居与古街坊，在中国古代建筑中占十分重要的位置，因民居宅第是中国劳动人民子子孙孙长期居住生活的地方。古代工匠早已考虑到他对环境、朝向、通风、采光、出入方便、洗刷、邻里关系等因素的影响，所以在建筑选址、建筑规模大小、建筑风格协调、宅第布置定位、合理布局等都有周密的考虑，并遵循一定的规律。

在江南一带民居宅第古建筑，一般都是以三开间三进四厢房二廊或六厢房三天井格局布置，前后留有一定空间布置竹子、树木、花草，有条件的在侧面或后面叠一座小型假山，布置一处小型荷花池作为宅第环境衬托，前后设围墙，前面有石库门楼一座，为确保安全，两边相邻山墙要设置五山屏风、三山屏风墙或观音兜山墙等，主要起到防火作用，保证相邻居住安全。如图 2-16。

图 2-16　无锡江阴唐家楼系三开间三进两层转盘楼形式

在城里的民居宅第由于土地限制，导致形成宅第布置多样化，有三进五进七进等一直布置到前巷通后巷，为交通方便两边

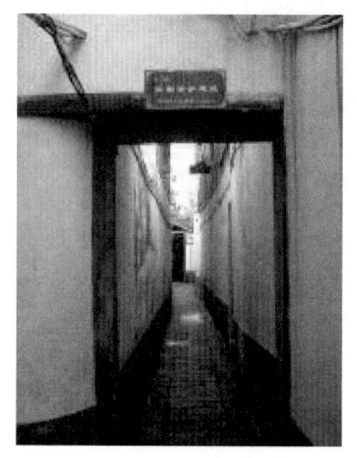

图 2-17　江南民居的备弄
（图中屋顶已拆除）

也有通长备弄一直到后巷。在山墙上设置灯宕洞口，这也是从技术角度考虑，设置备弄是为了通行时人不受雨淋，如图 2-17，家属分住方便，外墙面还受到保护，最主要的是与相邻的建筑物形成整体。从安全角度考虑，在当时防护强盗入侵时可以关断备弄隔门向前面或后面脱逃，确保人身安全。这也是古代工匠对人身保护的一种自防可行方法。

古街坊一般都在城镇与城市。随着时代的发展变化，古建

筑也随之不断变化。古建筑的变化一般与当时的商业繁荣与兴衰有关。如南宋时期的吴兴（湖州）和临安（杭州）、明清时期的苏州，清中期的扬州等都是交通方便的通商城市。古代通商大都以水路运输为主，所以商业古街坊大都依河而建，特别是江南古镇沿河都是建筑商用街坊。当时对古街坊定位布置建筑物，都要根据经商的品种来确定。沿河留有滩渡踏步码头，上面要有商业交往空间或船棚屋，或廊屋码头，使不可淋雨的粮食及棉丝织物等产品有地方贮存和交易。考虑到以上诸多因素后，再来布置水乡街坊门面的古建筑，以前江南城镇街坊店面有一大部分是以手工业产品和作坊工业为主。在布置格局上要考虑主人居宿和帮手长工居宿等因素，主人就餐与帮工就餐等建筑物，这些建筑在布局中都必须同时考虑。

街坊商铺有大有小，他不像宅第民居那么布置规范化、要求高，街坊有单间、双间、三间、五间不等。在古代最多也不会超过五开间，商铺一般一进、二进较多，特别是一进为多，很少有三进，除非经营其他特制商品再设三进。一般街坊商铺不设花园，商铺的土地较紧张，门面狭窄，所以大部分不超过三间。在布局上也比较合乎情理，商铺毕竟主要是以经商为主，不是宅第以居住为主，两者有着不同的用途，所以定位布局也就有所不同。如图2-18。

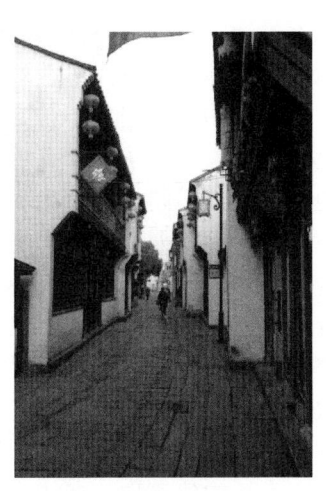

图 2-18　山塘街两边的商铺林立

江南园林古建筑在定位布局上是千变万化，各有所长，都是名人依绘画所筑，形成园林与画相结合的文化深层内涵。以苏州古典园林为代表的古建筑园林都与名人相关，在世界造园史上具有独特历史地位和文学价值，被联合国教科文组织列入世界文化遗产名录。对苏州古建筑园林在艺术写意、自然科学、历史文化价值等方面，都蕴藏着传统的文化内涵，它不但含有文学、绘画价值，而且在规划布局、体量、风格、色彩、匾额、楹联、雕刻、塑艺、装饰上都有着一定的欣赏价值。它的布局巧妙、随意、精致、淡雅、静中有动、动中有静、曲径通幽，真所谓"山重水复疑无路，柳暗花明又一村"，山池虽为人作，宛若天成，千变万化，小中见大，园中有园，为分块式布局的造园技术。不管建筑的动态，虚中有实，实中有虚，或藏或露，合理的衬托，层次的分明，高低起伏，块径式的布置格局，都离不开亭、台、楼、阁、榭、池、桥、叠山、理水、花木的点缀来美化园林，陶冶情操，体现出中国民族特色的造园技术水平。江南园林不像皇家园林那么宏大，一般都很小，面积在 1 亩或几亩地左右，最大也不过 50～60 亩左右的面积。但都布置在人口密集的古城中心地区，如苏州在古代早就被古人营造成为园林式城市。

园林的布局定位不像寺庙、道观、古塔、祠堂、商会会馆、民居宅第、古街坊那样有主轴线的布局。园林是一块不规则的土地，形态都不同，构思也不一样，由于园主经济实力的不同，环境规模控制等因素存在，加上主人文学修养、使用要求和欣赏程度不同，对园林建造就出现各种规模与形态不一的憩园。园林有着它独特的艺术构思，不仅它的建筑物布置有着它独特艺术造型外，而如叠山理水艺术也是江南园林一大特点，在布局中是不可缺少的重要组成部分。荷花池在江南园林中起着重要作用，古代工匠早就把荷花池布置在园林内建筑物多的地方。因江南园林都是全木结构建筑物，在防火上有着特殊要求，把荷花池放在建筑物多的地方，这样既可防火又起到下大雨时储水之用，可谓两全其美。图 2-19 为江南古典园林寄畅园布局示意图。

对于园林布局，一般应按地形地貌确定主要轴线，然后因地制宜地确定建筑物方位，把重要建筑物位置定好，再根据欣赏方向、角度与重要景点位置，全面布置园路走向或曲廊或桥梁或小径，通过周围环境形态变化来美化园林行走路径，达到移步换景

图 2-19　江南古典园林寄畅园布局示意图

的目的。在设计园路时一定要留设好树木花草种植位置，在花木布置上必须考虑到主要建筑物旁边一定要春有花香、夏有凉乘、秋有果吃、冬有阳晒的格局，还要有季节观赏植物。古建筑园林的花木也有一定要求，花木既不能一种即大，又不能冬天让叶落光。对花木寄情言志，是造园独特的文化意境。竹有节节高，子孙不断的意思，年年挺拔有劲，家居不可少，故有"宁可食无肉，不可居无竹"的说法。对花而言，又意味着荷花有出淤泥而不染的高风亮节，而白玉兰代表婀娜风姿，牡丹代表富贵，桂花代表高雅，芍药代表尊贵，蜡梅则是斗霜傲雪，代表着不向恶势力低头的骨气。而树木的栽植有不同含义。这些都反映了园林的文化内涵，使园林既富有意境，又达到赏心悦目的效果，如图2-20。

对传统古建筑轴线定位的要求与现代建筑有所不同，不管是寺庙、古塔、祠堂、民居宅第与街坊。其中心轴线是一致的，都是以柱中为中心轴线，不是如现代建筑以墙为中心轴线，外围有

图 2-20 留园中的"古木交柯"景观（古柏与女贞）
是植物配置的典型案例

墙也是坐柱中 1 寸为墙内边线（一寸是指鲁班尺寸，约 2.8cm）。墙面基本坐于柱外，基础相应向外突出，能使木柱在内墙面外露半只，确保木柱透气，不容易虫蛀腐烂。房屋内隔墙可分两种，一种为走廊式内隔墙或半窗墙，一般以七寸墙为多，俗称七寸镶砌墙，向走廊突出坐中一寸砌筑。另一种为开间隔墙是前后进深隔墙，大都为半砖墙（俗称五寸墙）坐中砌筑。所以在定位轴线上都要考虑墙的具体砌筑方法，向那一个方向突出基础。

2.1.2 丈量建筑物开间与进深尺寸

对于每一座建筑物建得美观大方，使人视觉观察舒适，看上去高宽比例合理，通风采光优越，在营造尺度上的把握是很关键的。古代工匠在建造房屋时，都考虑高宽比例来衡量房屋尺度。在房屋建造中大都以瓦工为主，来丈量建筑物地面尺寸，定位放线设定龙门桩。龙门桩长度一般在 1~1.3m 左右，桩头做尖，每组两根打入土中，上面横钉龙门板，板的长度根据基槽宽度来确定，再确定建筑物开间与前后进深天井尺寸，龙门桩一般都要钉在不影响基础开挖和搭设脚手架的外面地方。在古代一般在基础外 1.2~1.5m 左右，但要根据基槽宽度的实际尺寸来确定正确位置。古代工匠在丈量时都以木尺来作为丈量工具，以六尺杆、开间杆、木曲折尺来作丈量尺（木尺是指鲁班尺，28cm 为 1 尺），但木尺必须由木工统一提供给瓦工，这样才能使瓦工与木工之间所量尺寸一致，不会出现差错。建筑物开间一般是中间最大，次间边间相应减小，次间一般是正间的 8/10～8.5/10，大殿建筑檐高的尺寸一般为正间宽度。所以说江南古建筑对丈量尺寸上都有营造基本要求。官与民的檐高都不一样，官品越大檐口越高，开间檐高尺寸就相应放大，这是官邸与民宅建筑物的区别。龙门板设置如图 2-21。

图 2-21　龙门板设置

在丈量每条轴线时，首先要坐正一条山墙边贴柱中轴线，和前面廊柱中心轴线呈 90°方向，再确定丈量每个开间的柱中轴线，中线都设在龙门板上，因正贴柱往往是用大梁来支撑屋架，所以要注意用什么形式屋架再确定柱的基坑位置。因江南古建筑做法多样，立距不同，丈量正确每贴柱的尺寸，才能放出建筑物的正确灰线。当时在放灰线时用的都是棉粗线，两头拉直再以线放出灰线，所放出的线就成建筑物基槽边线。

确定了中线后，在四周外围放出的墙基础尺寸线，其上砌筑基础，如侧塘石和台平锁口石、台阶等基础。随建筑物的不同需要，放出不同尺寸的台平锁口。像殿、古塔四周就有不同尺寸的外露台，在放线时必须要同时考虑。因古代建筑物千变万化、形式多样，还要考虑与不同建筑物相连接，连接位置是否合理，建筑物与建筑物之间是否形状一致、结构件相符等。

图 2-22　江南建筑
的包砌木柱做法

古代建筑不同于现代建筑，所有现代建筑丈量都是以墙中为中心轴线，设计轴线都是统一模式，但古建筑大有不同，各个建筑物墙基、墙面尺寸不同，向外放出尺寸也都不同，厅堂与殿、塔就不同，廊与亭不同，水榭与轩也不同，所以，古建筑形式多样，结构变化大，丈量尺寸必须了解建筑外围是什么形式，是墙体木栏还是砖栏，这样才能准确定位轴线，确定正确尺寸。江南古建筑也有一个构筑统一的规定，以外边墙柱的中心为中心轴线，向外突出外围栏墙的尺寸。这是因古建工匠考虑到南方雨水较多，木柱容易腐烂，包砌木柱是把砖墙包砌在木柱外面防止雨水入侵，内露半只柱既确保木柱透气散湿，又起到了与内柱结构相对称的装饰作用，如图2-22。这是古代工匠智慧的结晶。

对建筑物与建筑物之间的丈量尺寸，都要根据单体构筑物大小形状、现场实际用途，来布局确定每个建筑物的单体位置。像寺庙、祠堂、商会会馆，都要考虑它们的活动量多少，人员流动情况来确定构筑物面积。民居宅第根据使用需求确定建筑形式。

商铺街坊考虑人员流动经营铺面状况，确定建筑物结构尺寸及梁柱空间。古代的丈量定位相当于现代的规划设计，也是建筑的平面布局，合理与否至关重要。建好一处古建筑群，平面布局非常重要，丈量定位尺寸正确是建筑物外观美与使用功能需求的重要因素。

2.1.3　古代基础开挖常用的工具

要把一处古建筑群建好，应考虑到多方面的因素，包括运输工具、开挖工具、劳动力合理安排、工具的配备等。当一处建筑物在准备开挖基槽基坑时，根据构件承重大小、槽坑深浅，所需工具都必须准备齐全，如支撑、铁扒、铁锹、铁锄、铁镐、箩筐、扛棒、扁担、灰桶（泥桶）、水桶、木板等等工具。根据所放好的灰线依次一条条开挖。

古代工匠都是土法上马，采用农具铁锹、铁钎、竹畚箕、竹箩筐、柳条筐、扛棒、扁担，如图 2-23～图 2-27，采用挑扛抬的办法开挖基槽基坑，此土办法已整整沿用了几千年，哪怕是大型宫殿建筑、大型寺庙、古塔建筑、大型陵墓建筑都是用人力土法营造，花费了大量劳动力。随着时间的推移、经济的发展、社会的变革，采用洋镐、洋铲、独轮车、二轮手推车来代替以往挑扛抬的原始作业方法，加快施工速度，减轻劳动强度。现今又用现代机械化设备，如挖掘机等取代人力开挖基槽坑，大大加快施工速度，同时又可增加经济效益，这是现代社会发展的需要，也是原始开挖工具的一大快速转变。

图 2-23　开挖工
具—柳条筐

图 2-24　开挖工
具—铁锹

图 2-25　开挖工
具—竹畚箕

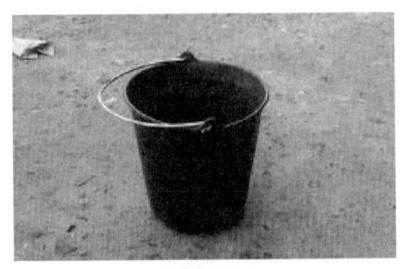

图 2-26　开挖工具—铁扒　　　　图 2-27　开挖工具—灰桶

2.1.4　土层分类开挖与做法

（1）房屋基础的基槽基坑开挖时往往要碰到多种土层情况。有时会出现建筑垃圾堆积土、原河浜回填土和坑潭、坟墓回填土等复杂地下土质。处女地也有多种多样的土质情况，像灰土、砂土、黏土、粉质黏土、流沙层土、坚硬风化碎石土等。所以在开挖每种土层时，对每个土层情况，都应认真正确处理。因建筑物大小、檐口高低对基槽基坑的深浅都有一定关系。特别对深基槽、地下情况复杂时一般都应在雨水较少，气候比较干旱时开挖，雨季或下雨时开挖容易塌方，开挖到一定深度时也应特别注意地下水位高低，一般要用坚硬的支撑物加固处理。流沙土在海边江边长期冲积的土叫"冲填土"，地下流砂层较多，不容易开挖且有危险性，所以必须突击开挖，并及时做好基础垫层，亦可采用打入尖顶石、石桩与木桩的土办法，进行土层加固，确保基层有足够的承载能力，使建筑物地基基础不因软硬而发生倾斜。

（2）当碰到河浜、潭、坑、坟墓的回填土时，也可采用换土的办法或打石桩、木桩等加固地基，在换土时一般都采用三七灰土拌合后分层铺设，每层厚度不超过 30cm，灰土比例为 30%细灰，70%干细土。细灰是用干石灰加适量水膨胀后造成石灰内结构颗粒松散，变成粉末状的细灰。灰土铺设后可用 4 人或 6～8人的石碾夯实（图 2-28、图 2-29），或用土制木夯，用 6 人夯打压实（图 2-30）。木夯大都是用坚硬的榆树或其他硬树制作，夯

锤尺寸为 $\phi25\sim\phi35\mathrm{cm}$，高为 $1\sim1.2\mathrm{m}$ 最佳。因硬树不容易开裂，且较重，打起来比较稳且有冲击力，但要有 6 人以上才能实施夯打。在南方大面积灰土都是用石碾夯实，因石碾面积大，夯起来快且适于面积大的地方使用，但也要有 $6\sim8$ 人以上才可实施，石碾一般对角边长 $55\sim65\mathrm{cm}$，厚度是 $12\sim15\mathrm{cm}$ 之间最合适。换入的灰土必须要按排行次序夯实，不得乱夯，以免漏夯失去换土效果影响建筑物受力。

图 2-28 打桩用的石碾

图 2-29 飞碾打桩场景

图 2-30 木夯打桩场景

（3）所有古代建筑的构筑物，基槽坑开挖大多是由瓦工把关，同小工一起开挖，所有开挖的基槽与基坑都在建筑物的重要轴线位置，不可歪曲弯斜。要使上部建筑尺寸正确无误，基础轴线是关键，好的建筑物也必须要有最坚固的基础、最正确的轴线才能算符合标准的地面尺寸。所以瓦工一定要把好基坑土层承载力的关口，瓦工还要掌握各种土层承载力情况，这些所掌握的承载力经验，都是古代匠师根据长期营造，实际操作总结出来的经验。如图 2-31。

图 2-31　有经验的瓦工师傅在施工现场划基础轴线

（4）在江南一带温度的季节性变化不像北方那么大，但也有出现摄氏零度以下的低温情况，最低时可达到 $-7\sim-3℃$，通常时间一般不会太长，不过在冬季施工中也要注意对基底进行保护，采取合理的技术措施，预防基槽底部土层冻坏冻松，影响基底承载能力。在江南古代工匠一般采用稻草、草片、草灰盖底保护的做法来防止冰冻，保证基底的土质完好。

雨期施工一定要做好雨期施工准备工作，因南方是多雨水地区，施工宜避开梅雨季节和夏天的雷雨。雨期开挖基槽坑应放出一定的坡度稳定槽壁，使槽壁土方不易塌方，对低洼不宜雨期施工的地方要延期或提前实施。还要做好雨期基底排水与四周排水，防止地面水流入基坑内，保证基槽坑不受水浸泡。如已受到影响必须清理基槽基坑内的污泥与杂物。确保上部砌筑质量不受影响。以上技术操作在古代都由瓦

图 2-32　基础开挖完成后要尽快砌好基础墙，防止地基受冻或受泡

工负责处理。基础开挖完成后要尽快砌好基础墙，防止地基受冻或多泡，如图2-32。

2.2　基础砌筑的类别

2.2.1　江南古建筑基础的形态

江南一带古建筑众多，文物古迹星罗棋布，如苏锡常一带的吴文化遗址，南京与镇江地区的六朝文化，徐州地区的汉文化，扬州地区的唐宋文化都值得研究与发掘。其中有很多历史文化遗迹都已不复存在，遗留下来的大都是考古发挖的遗存古迹，地面以上留下的古建筑物在江南基本上都是明清建筑，也有少量宋、元的遗物。砖木结构的建筑物经过一千几百年的风风雨雨考验能保留至今，原因在于它的结构有一定的稳定性，最主要是它的地基基础处理得比较好。好的建筑物没有坚固的基础是不可能保留到今天的，所以基础是房屋建筑的关键所在。基础实例如图2-33～图2-36。

图2-33　位于无锡鸿山
镇的吴文化古墓群

图2-34　正在建设中的
吴都阖闾城博物馆

房屋的基础有很多种做法，古代工匠在做基础时，在开挖的

图 2-35 扬州宋代水门遗址　　　图 2-36 苏州古城遗址群

基槽基坑内，砌筑砖基础部分就用碎石碎砖作三合土垫层，对垫层也要分层夯实，使基础形成表面平整的整体。垫层厚度根据建筑物大小、层高来确定，一般是 30～50cm 左右。古代用普通石灰砂浆浇灌三合土，在浇好浆的三合土上用青砖砌筑基础（但现代营造必须用水泥砂浆）。基础砌筑时都应偏中砌，并根据基础深浅确定砌法，同时还要有台阶式踏步收分，收分时要注意不影响上部结构的立柱轴线位置。江南一带的古建筑民居宅第都是偏中砌墙，柱基础相应向内叠进柱基位置。使上部墙面砌筑时不偏离基础轴线，柱位置尺寸必须正确无误，同上部木结构尺寸形成一致。如古塔基础、部分城墙基础或大殿基础等超高型古建筑，基础虽也用三合土做基础垫层，但这种基底垫层不用普通石灰砂浆，而用古代发明的明矾水与糯米浆和石灰拌成灰浆浇灌的三合土，使基础更坚硬，砌筑基础时也用明矾水糯米浆与石灰搅拌成砌筑用灰浆。如图 2-37。

　　有很多民居宅第及其他古建筑，并不都是用砖砌基础，在江南一带都临近山区，自然山石比较多，古代在建造民居房屋时，为节约青砖减少造价，在不影响质量的前提下，很多房屋基础都采用毛石冷铺设（无胶结料的干铺）作基础。毛石大小不等，分乱毛石和平毛石，平毛石有棱角平面，但不加工自然面，乱毛石无形态规定，一般都用 30～60kg 左右的毛石作基础，但必须要有一定施工经验的工匠砌筑，乱毛石毕竟不如方正条石容易施

图 2-37　砌筑基础

工，乱毛石在施工上有一定难度，要分层骑缝砌筑或阶梯形砌筑。铺设基础时也有一定操作规定顺序，第一皮毛石放入基槽时，必须大面向下，承载力作用大，在石缝之间用毛片碎石作填充物，保证基础密实无空隙，能全面承载

图 2-38　砌筑毛石基础

上部建筑物荷载，确保上部建筑物不因基础不坚固而出现倾斜的情况（但现代施工就不可垫密实，一定要有空隙才能灌入砂浆）。如图 2-38。

　　在江南民居宅第中使用毛石做基础的比较多，但毛石砌到一定高度后，上部覆盖压口条石（俗称锁口石、台平石）作室内地面标高。室内独立柱基同样用毛石作基底，上部用全磉石盖面，四周用半磉，四角设角磉，磉石有三大作用：（1）起地坪平整作用；（2）承载荷载作用；（3）装饰美化隔水作用。磉的大小是鼓蹬"顶面"直径的 2～3 倍，磉石厚约为鼓蹬顶面直径的 8 折为好，每块磉石上面都要弹上十字中心线，以便上部木构架作吊线

之用，统一建筑物尺寸。这种做法既节约建筑成本，施工起来也快，取材方便且不影响普通民居房屋质量，在江南农村一带使用比较广泛。石鼓蹬有各种形式，形态各异，上面还雕有各种纹饰，也成为一种装饰品。基础上部盖压口石如图 2-39，图 2-40 为各种形状的石鼓蹬。

图 2-39　基础上部盖压口石

图 2-40　各种形状的石鼓蹬

在江南古建筑中也采用桩基营造的办法，对庞大的建筑物或多层的楼、阁和驳岸、桥梁等建筑，大都采用桩基础营造原理实施。如地质承载力差、土质不良、软地基、流沙层等土质不能完全承载上部建筑物荷载时，可采用桩基础营造的办法（图2-41）。因打桩能加强地基承载力，挤实土层稳定上部建筑，充分发挥桩基受力作用。（图2-42为农田水利建设中堆砌的灰基础路基）。

图 2-41　桩基础营造　　　　　图 2-42　农田水利建设中
堆砌的灰基础路基

古代打桩有两种方法，第一种是采用南方产杉木做桩材料，桩长一般根据地基土质或建筑物高度来确定，主要用江西杉木（俗称西杉），因杉木长期在水中不容易腐烂，能长时期承载建筑物压力。第二种是用江南一带当地产的花岗石条石做石桩，把条石分开成基本方形长条石，一头打尖，另一头做平，把它用木夯打入基底土中，受力均匀，永不腐烂，是最理想做桩基础的营造方法。但石桩也有不利的地方，长度不能太长，容易断裂，但古代工匠也采取了接桩顶打入的方法，加长石桩长度，保证基底有足够的承载力。打入的木桩、石桩还要进一步加强，特别是桩与桩之间都要采用夹桩石，保证桩受到荷载后在土中不容易倾斜，有直线受压的作用。桩顶再用大型条石作盖桩石，有条件的用银圆、铜板垫入桩顶作镇桩之宝物，平铺在基础底部桩顶顶面上，可使有高低差落的桩顶平整，使每个木桩、石桩都能起到受力作用。然后在盖桩石上面按次序砌筑砖基，直到基础地平面为止。有的砖砌基础用城砖砌筑，亦用明矾石灰糯米浆作砌筑材料。但用到这种砌筑材料的建筑一般都是富商、官府的建筑。

民居宅第由于条件有限，一般只用少量石灰砂浆砌筑或冷砌（碎砖平叠）。但因大都采用前面几种基础材料，能确保基础坚固不变形、不移动、稳定性好，使百年千年的古建筑得以保留至今。

另一种是灰基础，指细石灰与细土拌合（30％细石灰、70％细土），铺入基底分层夯实的基础。在打夯时用木夯依次打密实。采用灰土基础者多数是远离山区土丘林地且地形比较高，取材困难，其他材料运输不便，又无经济实力者。灰土基础一般不会太深，多为原地坪往下50～80cm之间较多，是少雨干旱地区，如长江以北的沙土地区，特别是苏北沿长江地区无山区，建材运输困难等原因，土质含沙量又高，在古代采用灰土做法是比较合理的，既能增加地基强度，又节约成本，实为两全其美之策。

2.2.2 塔、殿、厅堂基础

塔在江南一带比较多。塔有的建在山上、有的建在平地上，还有建在城里，大都是建在寺院内。很多是建在朝拜佛祖之地，有的是为孝敬祖宗与纪念故人而建，还有的为改善风水，增加景观，利于通航导向。其意义各不相同。塔规模有大有小，有高有低，有砖砌筑的砖塔，有砖木混合结构古塔，也有石塔，还有铁塔、过街塔、方塔、八角塔、白塔、灵塔等。在古建筑中，塔是整个建筑群的制高点，比较有代表性，但建塔在当时是要有一定经济实力，才能建出一定规模、一定高度的古塔来。像苏州称为江南第一高塔的报恩寺塔（俗称北寺塔）（图2-43～图2-45），塔高76m，九级八角，塔身外壁复围廊，内外有二道基础，中间夹独立柱砖墩基础，塔内壁筒体墙较宽，塔基础构造坚固，轴线对称，边轴相等，尺寸精确，外围基座与塔台基须弥座，石雕雕刻精细，使整个塔身耸然秀立，气魄雄伟。报恩塔始建于南朝梁代（公元502～556年），为僧人正慧所建，自南宋至今，历经风雨，塔身安然无恙。说明塔体的稳定与塔基的坚固是完全分不开的。

图 2-44　北寺塔内部砖砌结构

图 2-43　苏州北寺塔 　　　　　　图 2-45　北寺塔底层塔檐

　　瑞光塔地基处理较简单，为多层泥土夯筑，土上部铺设50cm左右厚的三合土夯筑，全部灌上明矾石灰糯米浆。1978年在三层天宫内发现宝物后，对古塔进行探测后才知古塔的地基情况。上部用大型青条石铺设作基础垫石，再砌筑塔体台基，塔高53.57m，塔刹高9.14m，此塔为唐代后期经五代至北宋初期的大型建筑。

　　瑞光塔壁体外围廊基础采用须弥座方式砌筑，须弥座石台基刻有动物和花草图案。瑞光塔内壁塔心采用永定柱造，造型优美，砖制斗栱硕大、精致，为江南古制孤品。瑞光塔由于基础较简易，因此整个塔身出现了倾斜，此塔虽不如报恩寺宝塔坚固，但至今还是保存完好。如图 2-46、图 2-47。

　　殿前面所述很多，殿的基础也有多种做法。古代工匠对大殿的形式有外设四周围廊内砌墙体，外设周边台基平台，墙向外砌

图 2-46　苏州瑞光塔　　　　　图 2-47　瑞光塔的须弥座台基

或墙体直接砌筑于基础平台上部等。外设围廊时基础必须有内外二道，内基础负重荷载大，外基础只负重廊屋柱荷载，但外面四只大戗角荷载较重，不能忽略，必须考虑好柱的设置位置，独立柱位置尺寸应正确无误，进深轴线与开间轴线尺寸不得偏位。柱同内隔墙基础要同时一起砌筑。大殿基础与古塔不同，古塔是多边形，中间筒体外设围廊或无廊等。但大殿有外墙和内墙（金刚墙），室内设隔断墙，独立柱基、佛台等基础。所有墙柱在开挖砌筑时必须同时考虑。大殿前面应布置露台，露台大多采用石结构件制作，露台周边加设雕刻围栏。露台基础地坪一般比大殿地坪降低 15cm 左右，并做好向两侧与外边的泛水坡度，前面与侧面还要设置台阶放出基础断面，方便佛徒行人上下进出之用。如图 2-48。

厅堂建筑在民居宅第中是比较常见的建筑物，光厅就有许多，如茶厅、大厅、女厅、正厅、东厅、西厅、书厅、花篮厅等，这些厅多数建于民居宅第的古建筑群中，作接待亲朋好友和商谈事务之用。像鸳鸯厅、梅花厅、荷花厅、牡丹厅、桂花厅、四面厅等，很多是在古典园林之中营造，供家人与亲朋好友在园中观赏、休闲游玩之用，同时可方便家人作画写诗学习散步之用，它既有美学的研究价值，又有艺术的观赏性，是古建筑中的精华。

客堂同样如此，多数建于民居、宅第、园林、衙门、寺庙

台基1

台基2

台基基础

露台

图 2-48 殿堂基础与露台

等。堂的称呼也有很多，像客堂、圆堂、远香堂、玉华堂、玉兰堂、清德堂、退思草堂、万卷堂等等。厅堂的建筑高雅、华丽、壮观，做工精细，布局合理，结构变化多，对基础营造要求较高。厅堂上部结构有四界大梁式的、六界大梁式的，也有大三界梁或前后双步式的；梁架形式既有扁作梁式，也有圆作梁式；亦有前圆作大梁后扁作梁式（鸳鸯厅），上部构造的变化就形成基础也相应跟着变化。此外，厅堂也有四周设围廊的做法，也有前设廊后砌墙或半窗长窗。有后设廊前近天井连接厢房，也可前后设廊等各种做法，建筑结构变化就对基础砌筑带来难度，容易发生尺寸的误差、轴线移位等，所以做好基础是对建筑物稳定坚固美观都有一定关系。厅堂在古建筑中是种讲究美学的建筑物，具有较高的欣赏价值。厅堂的基础可参照殿庭的基础。如图 2-49、图 2-50。

图 2-49　无锡惠山范文正公祠的四面厅　　图 2-50　苏州网师园万卷堂

2.2.3　亭、廊基础

亭与廊基础比较简便，不同于厅堂。亭廊大都是独立柱木构建筑，瓦工活比较少，只有基础、屋面及 40cm 高的坐栏半墙。亭子也有多种形式，如方亭、六角亭、八角亭、扇亭、梅花亭、锁角双亭、圆亭、重檐亭等。基础的营造可随亭子的形式变化而放出基础位置、基础宽度和立柱位置、坐栏宽度、锁口石、台阶踏步等，因亭子荷载比较轻，都是单体构筑物，古代基础都以砖基础砌筑为主，但是亭子坐栏同长廊的坐栏不同，亭子多数要安装吴王靠（俗称美人靠），长廊多数不装吴王靠（很少安装），要是有安装吴王靠的长廊也是在高低落差比较大或池塘边有危险性的地方。所以坐栏较宽一般为 30～40cm 之间，可根据建造工艺要求来确定。也有不做砖栏用木制坐栏。所以亭子基础工程量不大，但是也要考虑到上部构造情况来确定基础受力要求。如图 2-51、图 2-52。

长廊是起着建筑物与建筑物之间连通作用。廊有直廊、曲廊、爬山廊、叠落廊、单廊、复廊、双层廊、桥廊（像苏州拙政园小飞虹过桥廊）等。廊营造方便，曲折随意，高低蜿蜒，高低

图 2-51　网师园月到风来亭　　　　　　图 2-52　西园寺湖心亭

差落大时可做台阶坡、斜坡式，廊有着串联厅堂之用，曲径通幽，不断延伸之感。长廊基础承受荷载较轻，上部就是简单的黄瓜环屋面，基础营造方便，只要把弯曲平面位置的中心轴线定出，砌筑基础时独立柱的基础要突出条形基础 20cm 左右，这样设置廊的坐栏就不受影响。廊有很多种做法的坐栏，有混水砖砌坐栏、坐面用磨细青方砖装饰栏、青水槛砖式砖细栏、木制凳面坐栏等。砌筑基础时必须掌握宽度尺寸与深度的比例，同上部构件尺寸弯曲一致，达到连接完美效果。如图 2-53、图 2-54。

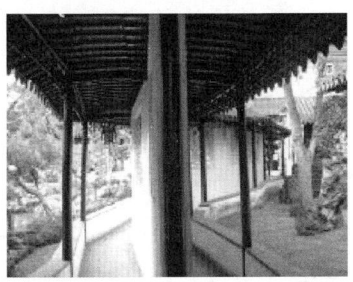

图 2-53　拙政园小飞虹　　　　　　　图 2-54　怡园复廊

2.2.4　水榭、挑台基础

水榭与挑台是园林构筑物中比较常见的组合体，水榭轩屋是园林中不可缺少的建筑物，大都近水面或一半在水中，因此俗称

"水榭"，水榭与亭轩不同，它的体量比亭相应要大些，长方形式

建筑，常规做法为一间两落翼，立面看起来像三间。水榭临近水面实施难度较大，前面傍水悬空外挑筑平台，所以出土基础柱必须用砖凳石柱或用假山石。做基础柱来掩盖挑台柱头，靠挑台内壁还要砌筑石驳岸基础或砖基础。

图 2-55　怡园藕香榭及其挑台

长期在水中浸泡的挡土基础必须坚固，需用石砌。池塘基础比较深，实施困难，尺寸难以掌握，加上南方水池喜欢弯曲不成直线，筑砌时一定要认真细致。在池岸上的基础，根据水榭面积大小放出墙面宽度按墙砌筑，挑出部位用长条石搁置在石柱顶部与横梁石条水平相交，很多水榭石条都做好石榫眼搁置柱顶，挑出部位再用石板铺设在横梁石条上部作地坪基层面之用。说明古代工匠在没有水泥钢筋的情况下，利用石条石板同样可营造出不同形态精美无比的建筑物。如图 2-55。

　　挑台主要是建筑物外部配套的地坪，既作平台又作室外场地，可作观赏、戏鱼、乘凉小憩之用，同时又是建筑物重要的外观衬托装饰，其主要配套于古建园林中的四面厅前部、水榭轩屋前面以及观赏性比较强的单体厅堂周边。它的基础大都结合周边荷花池驳岸砌筑。有当地产黄石、花岗石砌筑，上部采用美化景观的太湖石或黄石驳砌池坡，同挑台基础连成一体，挑台再向水面伸出，使驳岸形成一种曲折形的形态。护栏装饰后既美观又大方。挑台有大有小，在江南的水乡古镇，很多民居宅第临近河道，有很多河道边的民居都设有小型挑台出挑河面，但它们的挑台大部分建在石驳岸挡土基础上部，为提水洗刷方便还设挑台式

台阶（南方称踏垛），滩渡踏步台阶同样挑于河面。像这种挑台，都扶靠驳岸砌筑，基础有很多是采用桩基为主。所以在江南古建筑中有很多形式基础用材都不同，都是因地制宜，就地取材，在营造工艺上各有千秋。

2.3　台基平面形态

江南古建筑台基形态各异，有长方形、正方形，又有圆形、半圆形及多边形。一般都为长方形为主，其余形态大都配置在寺院、道观、私家园林、古墓等。

根据地形地貌环境所需，以所需使用功能而设置，其主要是

(a)　　　　　　　　　　　(b)

(c)　　　　　　　　　　　(d)

图 2-56　几种基础的平面形态

(a) 曲尺形；(b) 十字形；(c) 圆形；(d) 凸形

台基与建筑形成整体，使建筑增加观赏性、坚固性和建筑物高低差落的起伏效果，形成同建筑物相依结合的完美组合。如图2-56为几种基础的平面形态。

2.3.1 出土后古建筑台基与石镶砌

建造房屋首要的是基础坚固，一般基础出土后都采用块石和成形料石镶砌（料石是指做成长方形的花岗石条石）。四周出面都为条石一侧一丁与块石镶砌，不同形态的块石镶砌内挡，顶面加盖剁细压口石或花岗石压口石作收边压顶地坪石（又称锁口石），使整个建筑物台基形成一个完整的出土建筑台基平面（参见图2-48殿堂基础与露台）。弹好柱中线，放好磉石，就可以立柱砌筑上部墙体或装饰栏杆等。图2-57为安放锁口石、磉石、垂带石、丁石等。

图2-57 安放锁口石、磉石、垂带石、丁石等

为了建筑物基础牢固，以及露土部分基础能具有观赏性，台基与露台出土后有多种砌筑方法，最高等级的是华丽的金刚座台基平台，其上有玲珑剔透的曲线型雕刻及素平面须弥座、荷花瓣莲瓣须弥座，束腰还雕成兽形人物、角花、草龙、花草、流云、如意等精美浮雕工艺图案，反映了各地方、各朝代、各民族的建筑文化。须弥座转角处设角柱，台阶正中斜面设御路石（俗称陛石），雕有龙凤或双龙戏珠等图案，这种做法在文庙、寺院、道观比较多见。台阶侧面菱角石侧塘砌筑栏杆支撑采用圆鼓坤石，如狗尾坤、书卷坤、葵花坤等，同时雕刻灵芝、汉瓶等图案作栏板花瓶的支撑衬托扶手。同时台平面全部用做细石板铺设。地坪石一般为长60cm、宽40cm、厚2cm，

侧塘石与块石镶砌成的平面台基或栏杆台基，都需要有较高的台基石作工艺和瓦工砌筑工艺。室外台基用石砌筑具有整体坚固性，有着一定的科学性和实际操作经验依据。如图 2-58 为各种须弥座造型。

图 2-58　各种须弥座造型

如果采用砖石镶砌的台基都为附墙台基，离墙面近，台基不高较矮小，远离山区的地方就因地制宜，多数采用砖石镶砌，砌筑时应向内伸入长丁石，起到整体拉结作用，保证台基墙体稳定，同时具有良好的欣赏效果。

2.3.2　古建筑台基平面高低落差

在古代由于受阶级层次的等级观念约束，官府宫殿、富豪巨宅、民居宅第、寺庙道观、庵堂祠堂等建筑的台基高低、砌筑用材、营造风格都有明显差异。

（1）皇家宫殿、官府门庭台基平面有明显高低差别，与门庭檐口高低也有一定关系，像台基分官级大小来定有三级、五级、七级台阶，最高不得超过七级，因只有皇帝才可做到九级台阶。所以台阶联系到檐高，在封建社会地方官邸中都很自觉，不敢冒昧营造，要

图 2-59　皇家建筑高大的台基

43

高也只是在内厅堂相应提高一些。这说明封建时代受等级观念约束是比较严格的，民与官等级区别在台阶高低、门庭装饰等就能看得出来。如图 2-59 为皇家建筑高大的台基。

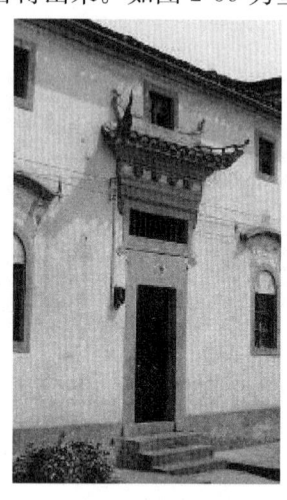

图 2-60　民居建筑
的台阶（踏步）
一般只有三级

（2）一般普通民居宅第建筑基础通常采用普通条石作基础，大放脚，至地平面"勒脚"有压口石式的台基基础，多数室内抬高一踏步，以室内外相差一步的普通式台阶基础平面。进出大门长期出入踩踏，用坚硬花岗石做台阶（俗称阶沿石）比较好，室外地坪面放一步副阶沿，宽长同台阶相似即可。四周建筑台基基础都采用条石作锁口石（俗称台口石），放出于墙面通常为 5cm，上面所说的勒脚作为普通民居的台基基础。但富商们也可提高台阶显示其身价，但不能过高，一般为三级者较多。如图 2-60。

（3）寺庙、道观与一般官府民宅不同，它不受封建礼仪观念约束，随寺庙规模大小与经济情况可随意营造，但宗教内部也分档次，有早晚之分，中国有句俗话，先进山门总是早，对寺庙就是这样，有先建寺庙为大的说法。因寺庙很多建于山区，且地貌比较复杂，很容易滑坡，所筑台基与露台高低错落较大，台阶必须相应提高，可做成多层式台基，使台基形态多种多样。台基形态基本都是金刚座形式，基座上部安装工艺栏杆。金刚座俗称须弥座，寺庙不分城区或山区，台基营造方法都比较相似，以从前山门起向后逐步提高的营造方法建造，立面观看起来有雄伟气势，体现寺庙的庄严。寺庙台基基础与民居宅第、官邸不同，它的主要建筑物四周都有台基，连通前面主要外露台地坪，以备祭拜者行香之用。但台口不得超过飞椽滴水，雨天不受雨水淋湿，不影响行香之客行走。

露台也有相应营造方法，如《营造法原》记载"台为四方形，殿为七间两落翼者，台宽为五间；殿为五间两落翼者，台宽为四间；殿为三间两落翼者，台宽为三间；其宽度自正间中心线分派之"。露台四周围绕应用石栏制作，形式可根据实际条件考虑栏杆装饰要求，寺庙、道观、庵堂都以这种方法营造，在长江中下游一带是比较普遍的做法。

孔庙俗称文庙。孔庙在古代是学府考试升官录取那一级官府的地方，孔庙有等级之分，在各县地区省城都有不同大小、不同层次的孔庙，但总体规划布置格局，都是以山东曲阜孔庙的营造格式来定，在全国基本类似。孔庙在全国也是常见的古代建筑，在造型艺术上也是与地区风格、民族风情相结合。它的露台、台基、阶台、基础与寺庙有相似的砌筑法，外表都是做细条石装饰，内皮用块石镶砌，以丁石内外拉结。孔庙的等级基本同皇家台基不差上下，因孔子是历代帝皇封谥的圣人，因此只有孔庙可在房屋上雕刻龙柱及其他龙物，包括栏杆、柱头、御石等，所以它的台基座与皇宫相似。如图 2-61。

图 2-61　山东曲阜孔庙的台基与皇家建筑不相上下

（4）祠堂建筑台基基本与高级民居宅第相似，都以多进式厅堂及两边设厢房，前后厅堂中间设天井，以二天井、三天井布置格局，两侧面建附房的传统营造法，如果大门设一步台阶，那么客堂设二步台阶，正厅三步台阶的形式提高，当然祠堂不同于民居，它可根据祠属者的经济情况及地形地貌来确定台基高低错落、建造规模，以及采用什么工艺要求等。所以说在不同的建筑物、不同的地理环境情况下因地制宜解决好台基营造方法，采用什么工艺技术，包括材料选择，是否与石镶砌还是与砖镶砌等技术要求，应根据使用者实际情况按建筑构造要求确定，使建筑物稳固地建造在台基与基础上部，如图2-62。

图2-62 祠堂建筑的台基与民居宅第相似（图为苏州曹沧州祠）

2.3.3 台基平面的连接

古建筑台基由于地坪的标高都不同，不像现代建筑那样室内地面基本相等，对传统古建筑来讲，每个古建筑单体建筑物都有它的特定标高，如门厅、前厅、后厅标高都不同，前厢房与厅堂及后进厢房的标高也都不一样，亭台楼阁榭轩的标高也不同，布局位置也不一。所以对

台基连接都有不同做法，因古建筑台基平面都设置锁口石或副阶沿，而且锁口石宽度又不是同一尺寸，靠内边都应设置柱磉石（半磉）等，在砌筑台基时要考虑到柱磉位置留设、上部木构架采用什么梁柱、尺寸多少等等因素。

繁琐复杂的古建筑都要考虑曲廊、长廊、厢房、附房连接，对不同标高建筑物台基连接，要依地势而筑，多采用坡筑回曲的方法与错落高低的单

图2-63 不同建筑物的高低错落，营造出"庭院深深"的悠远感觉

体建筑连成出入通道与观景线、观景点的路线，以不影响台基美观和构造需求为准，使每个单体的连接没有破败现象出现，这是一门集科学性、观赏性、布局规划于一体的建筑科学，供后人进一步研究，如图2-63。

2.3.4 古城墙营造

城市是人类文明发展到一个重要历史阶段的标志，那么城墙则又是城市的一个重要标志。城墙有高峻的城壁和耸立的城楼，除作为古代城市与城堡的重要标志之外，古城墙不但起着防御外敌功能，有的还能起到防洪功能。如安徽寿县城墙，浙江衢州和临海城墙，湖北荆州城墙，江西赣州城墙等都能起到相当科学的防洪作用，这也是古代工匠们的伟大创造，对人类作出的巨大贡献，如图2-64。

对防御功能来说，长城最具代表性，为世界奇迹，万里长城更是巍然壮观气势雄伟。

中华民族是世界上著名的文明古国，城墙修筑的历史非常悠久，古代工匠的修筑技术极为高超，城墙修筑分类之多，建筑

图2-64 安徽寿县古城墙

用材因地制宜，各有特色。营造的许多围城、瓮城、关城、陵城等城墙建筑，以及烽火台（俗称烽燧、烽台、烟墩）等，对藏兵储粮都能起到一定作用。

（1）江南同全国一样也有许多古城墙与古城遗址保留至今，如苏州城墙是春秋吴王阖闾所筑，周敬王六年（公元前514年）阖闾夺得了吴王之位后，为实现"安居治民，兴霸成王"的目的，采纳伍子胥建议，立城郭建城墙。

（2）扬州、镇江子城，经考古证实，扬州吴邗城、楚广陵城、汉吴王濞城、东晋桓温所筑广陵城，刘宋竟陵王诞时之广陵

图 2-65　苏州盘门的水陆城门　　　　　图 2-66　盘门的瓮城

城，唐子城均位于城北蜀冈之上。经考古发现镇江子城情况复杂，它涉及子城与大子城（包括东、西夹城）、京城与三国铁瓷城等关系问题。

（3）南京现城墙是建于 14 世纪中叶的明代城墙，当时有明太祖朱元璋定都南京以拱卫京师的产物和象征，全长为 33.676km，大多数保存完好，但部分年久失修已面目全非。现要算保护较好的中华门城堡瓮城，是明城墙的代表作，能藏兵三千，是我国最大的藏兵城堡瓮城。如图 2-67 为南京汉中门城墙。

图 2-67　南京汉中门城墙

以上所讲的城墙仅是江南部分现存的城墙，城墙有很多种营造方法，最早城墙大都以夯土方法作土城墙城垣，随着时代不断进步变革，城墙的营造方式及用材也相继变化，一般中部用灰土夯筑，外用城砖包砌，亦有用条石包砌及砖混包砌。但也有中间实填次城砖作包心法，南京明城墙就有此种砌法，但造价较大，一般不宜采纳。

各城墙的砌筑高度与宽度，一般根据地貌环境、官府经济实力来定。但砌筑的收分基本相似，收分一般为高度的3％～7％较多，城门洞口及烽火台为5％～9％，城楼稳定性好。在地质条件差的地方还要打入木桩加强基础承载力，在桩顶部盖上盖桩石后，使城墙更加坚固。城墙上筑女儿墙及墙垛（垛口），城墙上部最容易积水，所以在修筑时工匠们考虑十分周到，在墙顶都做成斜面，拱背使雨水可以分流，从两侧排水沟、吐水嘴排出城墙上部雨水。据中国古城墙保护的书籍记载，在江南一带用不同材料与不同砌筑方法的城墙有很多，详见表2-1夯土城墙、表2-2砖砌筑城墙和表2-3砖石混砌城墙。

夯土城墙　　　　　　　　　　　　　表2-1

吴大城遗址	苏州市附近	据文献记载，吴大城应由郭、大城和小城三重城垣组成
吴城遗址	苏州西南	北城垣残长1000m，高3～5m的断墙残垣，现东南垣因开山采石遭破坏
江乘县遗址	今南京栖霞山一带	有土垣遗存，待考证
淹城遗址	武进湖塘镇西南	有三道护城河和三重城垣，城河相依，保存相当完好
胥城遗址	武进	现存城垣一重，长方形，南、西、北三城垣保存基本完好，均有护城河
留城遗址	武进	应有一圈完整的土城垣，方形，系泥土堆筑，未经夯
阖闾城遗址	武进、无锡交界	城呈东南西北向，中筑城垣把城隔成东西二城，东城小，南、西、北均有土城墙，外有6～10m宽的护城河
余城遗址	江阴东南10km	目前城垣保存最佳处为南城墙，相对高度达8m
固城遗址	高淳固城镇	平面呈长方形，有内外两重城垣，东、北、西三面城垣保存好，城外开凿壕沟

平陵城遗址	溧阳	城周约1000m,略呈方形
明虞山城垣	常熟市	为明代嘉靖间重建的城墙的遗址
开华城遗址	高淳顾陇乡南城村	城墙底宽18m左右,残高4～6m,四面有城门豁口,外有护城壕一匝

砖砌筑城墙 表 2-2

石头城	南京市	俗称"鬼脸城"依山筑墙,一般认为是三国孙权筑,实为明初所筑
明古楼	南京市	明洪武十五年(1382年)建,清初楼倒基存,清同治年间重建
三国铁瓮城	镇江市	位于镇江北固山前峰。又称为子城,吴大帝孙权所筑
花山湾大城	镇江市	位于镇江东北郊花山湾。东晋和唐晚期在此筑
宋镇江府罗城	镇江市	太守史弥坚主持镇江罗城的修缮和改造
丹阳古城	丹阳市	明嘉靖年间筑。民国二十九年,塞老西门开新石门
明城墙	南京市	朱元璋1366年拓广旧城,1386年完成城墙建设,由外廓城垣、都城垣、皇城和官城组成

砖石混砌城墙 表 2-3

明初定波门瓮城遗址	镇江市	明初建于北固山东南支脉的一台形土岗上
南水石闸遗址	镇江市	明初镇江府城门之一"南水关"
元胥门闾门遗址	苏州市	古称姑胥门,破楚门,春秋吴国都城入门之二,元至正十一年(1351年)重建
盘门水陆城门	苏州市	城门为元至正十一年重建,瓮城为元至正十六年(1356年)张士诚增筑,历代大修
明西瀛门	常州市	建于明洪武二年(1369年)
明虞山石营	常熟市	太平天国驻军防御清军攻城而筑的军事设施

　　古代砌筑城墙很多采用细干石灰粉末与糯米饭在石臼内打成糊,再与明矾水拌合而做成砌筑材料,起到上下粘结作用,强度较好,不比现代水泥砂浆差,在当代是很科学的砌筑材料。

　　像苏州盘门内瓮城城门顶部设有防火洞三个,敌兵攻门放火时可浇水之用。水城门还设有守兵检查通道，可在顶部直接通往河口检查来往船只，实为中国独一无二之作，这说明了古代工匠在建造古城墙中的高超技艺，值得当代工匠的研究及借鉴之用。

2.4 地坪与桥、井、墓的营造

前面讲述了古建筑各种台基营造方法，现所谈建筑物基础的台基平面与室内外地坪。一般露台平面及外地面有相互错落，墙外台基基础平面同墙内室内地坪相平，但做法有不同之处，墙外台基平面锁口是用条石制作，可用石板或方砖相铺设，内地坪古代工匠为了衬托不同建筑特点，江南一带大都采用小青砖或方砖铺设，靠近山区的少量也可采用青石板铺设，外地坪另作分类解说，总之是为建筑物增添室内外地面装饰效果起到一定作用。

2.4.1 室内地坪

古代不同的阶层、不同的建筑物，对地坪的铺设用材及规格都有区别，一般的民居宅第，只采用灰土及小青砖铺设或规格较小的方砖铺设地坪。上层社会官商庄主们大都采用规格较大的方砖铺设地坪。宫殿建筑更为讲究，采用人们通常俗称的"金砖"（京砖）铺设地坪。所以说不同的建筑、不同层次的级别都有不同的做法。

在古代对材料的制作都有讲究，室内外地坪铺设的砖块，都是用黏土制作砖坯烧制而成。按砖坯的制作工艺流程，从选泥、打泥浆水、沥浆水、沉淀、晾干泥土、重新踩踏泥土，制成砖坯时间最少半年。再在室内晾干后装窑，经窑工烧制而成，砖坯经过高温烧制以后表面比较粗糙，规格尺寸有所变化，要铺装成质量较好地坪必须经过工匠们的锯、刨、打磨加工才能成为规格成品，同时方砖有较好吸收水分功能，还能起到防潮作用，方砖铺地在古代时期是一种比较实用而比较美观的墙、地面建筑装饰材料。

在古代由于科学技术比较落后，对地坪铺设处理也比较简单，一般都用人力把原土用木夯夯实，有时也采用一些三七灰土的办法处理垫层，能保持地面土层的干稳定性。

在古代铺设方砖是用四只陶瓷钵合在四只角中，各搁设1/4，披上油灰，成排铺设，底下腾空，不受湿度影响，铺设难度高，抗湿度好，如苏州寒山寺宝塔各层外挑平座铺设方砖时，采用五支点坐灰砌筑，即在方砖四角位正中设五个灰团来铺设，利用方砖排水。另一种铺法，方砖铺设时一般都铺设3～5cm湿砂，垫实方砖底部，方砖四面披上油灰，再用木槌敲实方砖，达到方砖平整，用2m左右的直木尺在地坪上搁设，检查方砖地坪是否平整。如果大面积铺设方砖必须采用冲筋后铺地，在每个开间中冲上水平筋，以便铺设尺寸正确、高低一致，使整体平面效果好。图2-68为室内地坪的方砖铺设；图2-69为地坪使用的金砖。

图2-68 室内地坪的方砖铺地　　　　图2-69 地坪使用的金砖

2.4.2 室外地坪

室外地坪是建筑物室内外错落必不可少的配套地坪工程，使建筑周边环境整洁完美。同时室外地坪也是通往园路、门外道路以及街路的连接地坪。一般采用与建筑物形成一体的彩色地坪和花岗石地坪等。

古代工匠们在室外地坪制作的图案千姿百态，好多地坪因地制宜，就地取材，综合利用铺设出一大批有江南特色地坪的花色来。表现出了高超的江南瓦工技术。

古代的民居、古街小巷很多采用做细加工的不同条石板、石块，以及不规则的毛石碎片铺设街面道路，使行走时起到防滑作用，同时材料采集也较方便，强度坚固铺设变化多样，实为理想的建筑铺设材料。碎石片可铺出多种花式图案与周边环境相协调。

私家庭院室外地坪式样丰富多彩，使用材料五花八门，常用的有碎砖、碎石、望砖、瓦片、各色卵石、炉渣缸片等废旧材料。一般先用望砖、瓦片勾勒出各式图案，中间再填嵌各式卵石，通过卵石的大小颜色的搭配，铺成各种图案的地面，统称花街铺地。花街铺地图案之多不胜枚举，常见的有冰纹景、海棠景、方块八角景、席纹景、十字八角景、六角景，以及十字海棠、八角套方金钱式、海棠套六方、十字灯景六角式、冰纹方块套八角等；把花式图案铺至地坪上，使室外地坪、园路达到美化的效果，增添了庭院的观赏价值和艺术价值，这在江南园林造景中的堪称一绝。

在江南园林中不但用卵石、砖瓦、碎石等铺成花式地坪，还利用碎白瓷碗片铺成民间通常所说的吉祥物，如五福捧寿、暗八仙、十二生肖、松鹤、柏鹿等图案。

地坪道路的多样化，体现出古代工匠的聪明才智，利用废砖、瓦石材料，可减少造价且经济，不影响观感，同时可增加色彩，达到两全其美的效果。铺设时要注意图案纹样，还要注意色彩与用材合理搭配，如图 2-70～图 2-72。

图 2-70　室外的碎石铺地

图 2-71　砖瓦与卵石铺成的
"五福捧寿"图案

图 2-72 卵石铺地
"万字海棠"

砖铺地坪，如土青砖（黄道砖）也能铺成很多种图案，像席纹、人字式，芦苇式、一字式（横侧砌），斜纹套方式、平铺及台阶式等，使道路做法变化多样、弯曲自然。黄道砖地坪在铺筑前应先把原土与灰土夯实。铺上 4～5cm 厚的沙子再铺砌砖，把砖铺筑好过后，用木拍板拍平，再撒上细沙，用扫帚来回扫动细砂，让细沙漏入砖缝，使砖不能移动，保证道路地坪平整坚固，如图 2-73。

(a)

(b)

青石

缸片

(c)

(d)

图 2-73　各种花街铺地造型（一）

(a) 方块八角景；*(b)* 六角景；*(c)* 冰纹景；*(d)* 席纹景

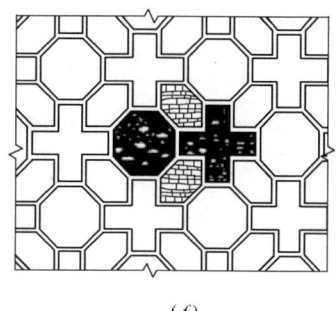

(e)   (f)

图 2-73　各种花街铺地造型（二）

（e）芝花海棠景；（f）十字八角景

2.4.3　天井地坪及雨水阴沟

在江南地区人口稠密，土地较紧张，建筑物比较密集，雨水又多，相邻建筑落水困难，加上传统迷信色彩，有财有水，混水不流外浜的传说，即滴水不能滴入他人地盘，否则钱财就会流入他人的说法。这样就产生了建筑物落水问题，必须把雨水集中滴入天井，统一通过阴沟排出。因而产生厢房为单一方向落水的较多，而主屋前后出现斜沟。在古代四周檐口制作安装上半另毛竹作为净落（檐沟）通向四个角集中落水，使门口进出无屋面滴水，直接有净落下水通入阴沟，这是古代工匠对落水的巧妙处理方法。

在古代建筑中天井是必不可少的，天井地坪也是非常重要的部位，一般富宅厅堂、祠堂很多采用石板铺筑，普通民居只能中间用石板铺筑，两旁用碎石或土青砖铺筑。四周砌有阴沟（图 2-74）。这样既能使屋面上的雨水在天井集中排放到阴沟，从阴沟通往外面，排入河道或附近自然渗水，古代家庭房屋中的阴沟大多以暗沟为主，用土青砖砌筑，不用灰浆干砌，既便于渗水，又砌筑方便。天井中落水窨井口一般制作得很精美，工匠们常把它做成金钱式样的窨井盖，代表着"招财进宝"之意。

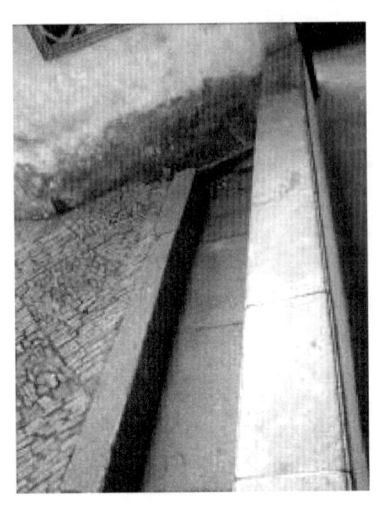

图 2-74 古建筑周围设置的排水阴沟
（拙政园倒影楼）

2.4.4 古桥、古井、古墓

古桥、古井、古墓在江南一带是常见不鲜的，其中古桥数量最多。特别在苏州，据《苏州府志》和《吴县志》记载苏州古桥有：明代的311座，清代的310座，民国的349座。呈现出苏州小桥流水的古代风貌，苏州的桥千姿百态，有一孔、三孔、多孔，有平墩桥、廊桥、亭子桥、曲桥、一步桥等。横卧京杭大运河与澹台湖之间的彩虹般的石砌多孔桥——宝带桥，在江浙一带是最长最有代表性的古代石桥了。宝带桥历经沧桑，据《苏州市志》记载始建于唐元和十一年（816年），由唐刺史王仲舒捐玉带建造。宝带桥是我国四大古桥之一，号称全国最长的石孔桥，共有五十三孔，中间三孔为最大，其他基本相同，桥长为三百多米，整座石桥形似宝带，风格绚丽、长虹卧波、碧水相映。在民间流传农历八月十五至八月十八是游玩宝带桥的最佳时期，如图2-75。

图 2-75 苏州宝带桥

许多古桥的砌筑多为石条内填块石镶砌，桥基都为打桩加固软弱地基，桩料为杉木，长年置于水下不容易腐朽，桩顶间嵌有嵌桩石，起着增强土层密实及共同承载荷载作用，使拱桥砌筑时不易变形，桥墩坚固稳定性好。

在砌筑拱圈时它的圆弧一定超过半圆，立足底口水磐石，水磐石应刻槽，使拱圈石不易滑动，单孔受力，一孔出现问题不会影响其他拱圈，这是古代工匠在砌筑中总结出来的单向力墩作用方法。单向力墩又有"柔性墩"和"刚性墩"之分，使桥梁更具科学性和牢固性。

中国古代劳动人民都是以吃井水而生活的，江南是水网地区，深井很多，有普通井、泉井、大宅院的大口井，双口井等。井必须要挖至一定深度，透水层才能出水，一般都挖成圆形，井壁用砖或瓦根据土壁墙自然圆形圈起，冷叠至井口，在流沙层，用井陶圈、井石圈技术，井壁与土壁之间填以粗砂，以利自然渗水，上部做成井台及井圈，不让雨水直接流入水井。井圈一般都是采用花岗石或青石（石灰石）整块雕刻而成。水井选址很重要，不能选于阴沟边、低洼积水处（因会使井水受到污染）及对行走有影响的地方，图2-76为苏州皮市街上的三眼井。

古人对建造坟墓很讲究，流传着孝敬祖先的风俗礼节，古人对祖坟的花费投入较大，贵族、官府对坟墓建造都以砖石砌筑，内发砖砌拱券，前面与石镶砌，有的还做成石门，四周上部覆大型坑板石，有双穴和单穴之分，两穴之间用石灰糯米浆拌合填实，使之上百千年不易流水腐朽，古人的传统氏族观念一直留传至今。所以古代工匠对古墓建造也有一定研究，总结出了一定的经验，

图 2-76　苏州皮市街上的
三眼井（旧照片）

值得后人对古墓砌筑技术的借鉴。

　　古墓出土后发现，墓冢都筑成圆形，中心封土堆高，墓冢用石砌筑，外构筑坟茔罗城，大都以石砌筑或少量砖构筑。墓前面多为立设墓碑，大型古墓设墓道，前面都设石坊，有四柱三门或二柱一门，坊前有池，池的名称根据墓主官职、名人职业确定，如照池、墨池、月牙泮池等，池一般设置在墓的最前面。在江南地区许多古墓还建有享堂、碑亭及纪念祠堂等，像锡阐墓的晓庵祠，唐寅墓的六如堂、梦墨堂、闲来草堂、禅仙居，顾炎武墓祠堂等，以备后人祭祀。官邸墓根据官职，可在墓道两侧设置石人、石马、石羊、石虎等多种石象生石雕，立置墓前与石坊后面，古墓都设于山区，以台阶形式逐步提高至墓冢最高点，这也是民间传说中的后代高升的意思，所以古墓的选址也是相当关键的，如图 2-77、图 2-78。

图 2-77　已修复的蒯祥墓

图 2-78　蒯祥墓的牌坊及飨堂

复习思考题

1. 填空题

　　（1）从明代大型宅第布局来看，一般前房后园，在主轴线上依次布置为照墙、（门厅）、轿厅、（大厅）、（楼厅）。楼厅后面一般高筑界墙，开设后门。

　　（2）从明清时期江南房屋布局来说，主轴线上的构筑物称（正宅或正落）。正宅两边各有一根副轴线，其线上的构筑物称

（附房），左边主要布置备厅、书房、下房，右边主要布置女厅、厨房、库房，两边通往各附房的通道之间设置（备弄）连接。

（3）明清时期的古建筑都是依靠（木构架支）承上部荷载，有（圆作梁）、（扁作梁）等构架设立柱的形式建造。讲究的楼厅还做成（雀宿檐）形式，现在比较少见。

（4）我国古代的建筑技术有个发展过程，早在（殷商）时期，我国已开始用水来测定平衡，用夯实的土壤作房屋地基，在（战国、秦汉）时期已有专门用于建筑的砖瓦烧制。并有了精巧的榫卯技术应用。至（两晋、南北朝、隋唐五代）时，砖瓦、石、石灰、土、钢铁、矿物颜料、油漆开始应用。（唐代）时期，随着国力昌盛，建筑营造有着极大的发展，那时筑房造屋操作技术达到了相当高的水平。（宋、辽、金）时代开始在建筑物基础中打入木桩，以增强基础抗载能力。

（5）在建筑上瓦工的工程量很多，从（布局定）、位放线到（开挖地基）；从砌筑基础铺筑锁口地坪起，一直到主体砌筑、（内外墙体粉刷）、（屋面铺设）、内外地坪铺设，全部都由瓦工来完成。

（6）中国古建筑从形式和使用功能上大致可分为（宫殿建筑）、（私家民居建筑）、（祠庙建筑）和陵墓建筑等几大类。其中私家民居建筑还分以江南一带为代表的"苏派"、安徽的"徽派"、福建广东的"闽南派"和以北方北京为代表的北派，也称"皇派"。

（7）一处好的建筑，不管在地基选址、建筑物布局、建筑的（体量）与（朝向），以及与（地形地貌）起伏高低的结合以及与邻近建筑风格保持一致等因素都是十分重要的。此外还应满足业主的（使用功能）等，只有这样方方面面地考虑周全，才能建造出完美的建筑物来。

（8）祠堂中轴线基本与寺庙相同，但建筑面积与规模相相对（较小），布局较密集，前房后房中间内设（天井），左右两侧设（厢房），梁枋制作雕刻精细。

2. 判断题

（1）在古建建筑物中能称"殿"的建筑，除皇家建筑的宫殿以外，只有祠堂、戏台才能称呼为"殿"。　　　　（×）

（2）祠堂正门底部设置抱鼓石金刚腿和头门将军门俗称"门当户对"　　　　　　　　　　　　　　　　　（√）

（3）一般普通人家的祠堂可能在建造时不会那么宏大壮观、精雕细刻，采用普通建筑构造，全部由泥瓦工来完成各种装饰及堆塑工艺，用纸筋灰叠塑的办法使这些工艺装饰与雕刻起到同样效果，看上去简朴美观。　　　　　　　　　　　（√）

（4）江南一带民居宅第古建筑，一般都是以五开间五进四厢房二廊或六厢房三天井格局布置，前后留有一定空间布置竹子、树木、花草。　　　　　　　　　　　　　　　　（×）

（5）古代通商大都以陆路运输为主，所以商业古街坊大都沿道路而建，特别是江南古镇的商用街坊。当时对古街坊定位布置建筑物，都要根据经商的品种来确定。一般在商街两侧要留有驿站和仓库。　　　　　　　　　　　　　　　　（×）

（6）江南古建筑台基形态各异，有长方形、正方形，又有圆形、半圆形及多边形。一般都以圆形为主，其余形态大都配置在寺院、道观、私家园林、古墓等。　　　　　　　　（×）

（7）在古代由于受阶级层次的等级观念约束，官府宫殿、富豪巨宅、民居宅第、寺庙道观、庵堂祠堂等建筑的台基高低、砌筑用材、营造风格都有明显差异。　　　　　　　　（√）

（8）一般民居的四周建筑台基基础都采用条石作锁口石（俗称台口石），放出于墙面通常为5cm，勒脚作为普通民居的台基基础。但富商们也可提高台阶显示其身价，但不能过高，一般为九级者较多。　　　　　　　　　　　　　　　（×）

3. 选择题（只有一个正确答案）

（1）街坊商铺有大有小，它不像宅第民居那么布置规范化、要求高，街坊有单间、双间、三间、五间不等。在古代最多也不会超过（A），商铺一般一进、二进较多，特别是一进为多，很少有三进，除非经营其他特制商品再设三进。

A. 五开间　　　B. 双间　　　C. 三开间　　　D. 八开间

（2）江南园林古建筑在定位布局上是千变万化，各有所长，都是名人依（B）所筑，形成园林与画相结合的文化深层内涵。

A. 图纸　　　B. 绘画　　　C. 模型　　　D. 梦境

（3）对于园林布局，一般应按（C）确定主要轴线，然后因地制宜地确定建筑物方位，把重要建筑物位置定好，再根据欣赏方向、角度与重要景点位置，全面布置园路走向或曲廊或桥梁或小径，通过周围环境形态变化来美化园林行走路径，达到移步换景的目的。

A. 水面　　　B. 中心位置　C. 地形地貌　D. 正南走向

（4）对花而言，荷花有出淤泥而不染的高风亮节，白玉兰代表婀娜风姿，牡丹代表（D），桂花代表高雅，芍药代表尊贵，腊梅则是斗霜傲雪，代表着不向恶势力低头的骨气。而树木的栽植有不同含义。这些都反映了园林的文化内涵，使园林既富有意境，又达到赏心悦目的效果。

A. 华丽　　　B. 妖娆　　　C. 多子多福　D. 富贵

（5）古代工匠在丈量时都以木尺来作为丈量工具，以六尺杆、开间杆、木曲折尺来作丈量尺（木尺是指鲁班尺，28cm 为 1 尺），但木尺必须由（A）统一提供给，这样才能使整个建筑所量尺寸一致，不会出现差错。

A. 木工　　　B. 瓦工　　　C. 计量工　　　D. 建筑物主人

（6）祠堂建筑台基基本与高级民居宅第相似，都以多进式厅堂及两边设厢房，前后厅堂中间设天井，以二天井、三天井布置格局，两侧面建附房的传统营造法，如果大门设一步台阶，那么客堂设二步台阶，正厅以（C）的形式提高。

A. 一步台阶　B. 两步台阶　C. 三步台阶　D. 四步台阶

（7）我国最大的藏兵城堡瓮城是（C）。

A. 万里长城　　　　　　　B. 常州淹城

C. 南京明长城　　　　　　D. 苏州阖闾城

4. 简答题

（1）简述江南建筑物一般的开间的尺度？

答：建筑物开间一般是中间最大，次间边间相应减小，次间一般是正间的 8/10～8.5/10，大殿建筑檐高的尺寸一般为正间宽度。所以说江南古建筑对丈量尺寸上都有营造基本要求。官与民的檐高都不一样，官品越大檐口越高，开间檐高尺寸就相应放大，这是官邸与民宅建筑物的区别。

（2）古代工匠开挖地基一般使用哪些工具？

答：古代工匠都是土法上马，采用农具铁锹、铁钎、竹畚箕、竹箩筐、柳条筐、扛棒、扁担，采用挑扛抬的办法开挖基槽基坑，此土办法已整整沿用了几千年，哪怕是大型宫殿建筑、大型寺庙、古塔建筑、大型陵墓建筑都是用人力土法营造，花费了大量劳动力。

（3）雨期地基施工要注意哪些事项？

答：雨期施工一定要做好各项准备工作。雨期开挖基槽坑应放出一定的坡度稳定槽壁，使槽壁土方不易塌方，对低洼不宜雨期施工的地方要延期或提前实施。还要做好雨期基底排水与四周排水，防止地面水流入基坑内，保证基槽坑不受水浸泡。如已受到影响必须清理基槽基坑内的污泥与杂物。确保上部砌筑质量不受影响。以上技术操作在古代都由瓦工负责处理。

（4）简述礓石的作用。

答：礓石主要有三大作用：1）起地坪平整作用；2）承载荷载作用；3）装饰美化隔水作用。

（5）古代打桩有哪两种方法？

答：古代打桩有两种方法，第一种是采用南方产杉木做桩材料，桩长一般根据地基土质或建筑物高度来确定，主要用江西杉木（俗称西杉），因杉木长期在水中不容易腐烂，能长时期承载建筑物压力；第二种是用江南一带当地产的花岗石条石做石桩，把条石分开成基本方形长条石，一头打尖，另一头做平，把它用木夯打入基底土中，受力均匀，永不腐烂，是最理想做桩基础的营造方法。

（6）简述修造城墙要注意的事项。

答：各城墙的砌筑高度与宽度，一般根据地貌环境、官府经济实力来定。但砌筑的收分基本相似，收分一般为高度的 3％～7％较多，城门洞口及烽火台为 5％～9％，城楼稳定性好。在地质条件差的地方还要打入木桩加强基础承载力，在桩顶部盖上盖桩石后，使城墙更加坚固。城墙上筑女儿墙及墙垛（垛口），城墙上部最容易积水，所以在修筑时工匠们考虑十分周到，在墙顶都做成斜面，拱背使雨水可以分流，从两侧排水沟、吐水嘴排出城墙上部雨水。据中国古城墙保护的书籍记载，在江南一带用不同材料与不同砌筑方法的城墙有很多，详见表 1-1 夯土城墙、表 1-2 砖砌筑城墙和表 1-3 砖石混砌城墙。

（7）谈谈室内地坪与室外地坪的不同铺设方法？

答：室内地坪江南一带大都采用小青砖或方砖铺设，靠近山区的少量也可采用青石板铺设。在古代不同的阶层、不同的建筑物，对地坪的铺设用材及规格都有区别，一般的民居宅第，只采用灰土及小青砖铺设或规格较小的方砖铺设地坪。上层社会官商庄主们大都采用规格较大的方砖铺设地坪。宫殿建筑更为讲究，采用人们通常俗称的"金砖"（京砖）铺设地坪。铺设方法一般都用人力把原土用木夯夯实，有时也采用一些三七灰土的办法处理垫层，以保持地面土层的干稳定性。在古代铺设方砖是用四只陶瓷钵合在四只角中，各搁设四分之一，披上油灰，成排铺设，使得底下腾空，不受湿度影响，这样铺设难度高但抗湿度好。另一种铺法是在方砖铺设时铺设 3～5cm 湿沙，垫实方砖底部，方砖四面披上油灰，再用木锤敲实方砖，达到方砖平整。用 2m 左右的直木尺在地坪上搁设，检查方砖地坪是否平整。如果大面积铺设方砖必须采用冲筋后铺地，在每个开间中冲上水平筋，以便铺设尺寸正确、高低一致，使整体平面效果好。

室外铺地式样丰富多彩，使用材料也五花八门。常用的有碎砖、碎石、望砖、瓦片、各色卵石、炉渣缸片等废旧材料。先用望砖、瓦片勾勒出各式图案，中间再填嵌各式卵石，通过卵石的大小颜色的搭配，铺成各种图案的地面，这种方法统称花街铺地。花街铺地图案之多不胜枚举，常见的有冰纹景、海棠景、方块八角景、席纹景等，花街铺地使室外地坪、园路达到美化的效果，增添了庭院的观赏价值和艺术价值，这在江南园林造景中的堪称一绝。

（8）怎样挖井？

答：江南是水网地区，深井很多。有普通井、泉井、大宅院的大口井，双口井等。在江南地区挖井，井必须要挖至一定深度才能出水，一般都挖成圆形，井壁用砖或瓦根据土壁墙自然圆形圈起，冷叠至井口，井壁与土壁之间填以粗砂，以利自然渗水，上部做成井台及井圈，不让雨水直接流入水井。井圈一般都是采用花岗石或青石（石灰石）整块雕刻而成。水井选址很重要，不能选于阴沟边、低洼积水处（因会使井水受到污染）及对行走有影响的地方。

5. 填表题（根据表格内容完成空缺部分）

砖砌城墙

名　称	所在城市	特　点
石头城	南京市	俗称"鬼脸城"依山筑墙，一般认为是三国孙权筑，实为明初所筑
三国铁瓮城	镇江市	位于镇江北固山前峰。又称为子城,吴大帝孙权所筑
丹阳古城	丹阳市	明嘉靖年间筑。民国二十九年,塞老西门开新石门
明城墙	南京市	朱元璋 1366 年拓广旧城,1386 年完成城墙建设,由外廓城垣、都城垣、皇城和官城组成

3 古建筑主体构造、用材及营造技术

教学目标：

了解古建筑的主体构造，掌握墙垣的砌筑技术和材料选择及搭配；了解古建筑门窗的样式及预留设置要领；了解漏窗对于瓦工的重要性以及制作技艺；掌握门窗戗檐的营造技艺。

3.1 古建筑的主体构造

3.1.1 古塔的主体构造

古塔是古建艺术的精华所在，是有纪念意义的建筑物，古塔有着它独特的营造技术和艺术构思，是古建筑群体中高层构筑物的佼佼者，营造难度大，构造工艺复杂，用材讲究。塔的形态千变万化，各有各的意义，各有各的营造做法。工匠在没有科学测算依据的情况下，要考虑到古塔的抗风雪，以及自然灾害能力，并要把几吨重的铸铁构件，如塔缸、塔环、抗风塔链（俗称"塔刹"）安装在顶部，使古塔巍然屹立在大自然之中，这是非常不容易的，因此古塔的营造是古代工匠聪明智慧的结晶。

古塔分可上人与不可上人的两种构造做法，有一定的建造规范，一般有按奇数层营造的要求，塔一般在5～15层之间，多数为7～9层，塔高一般在40～70m之间，当然还有更高的。如苏州的报恩寺古塔（俗称北寺塔）（图3-1、图3-2），就高达76m，可称江南第一高塔，而且体积庞大，砖木混合结构，据史书记载建于南朝时期（公元502～556年），到南宋建炎初年，古塔曾被金兵毁坏，绍兴二十三年（公元1153年）古塔再次重建。历经战火与风雨洗礼，古塔自南宋至今安然无恙。中华人民共和国成立后，又经过了四次修复保护：第一次是 1958 年当地人民政府与有关部门对古塔进行局部维修，安装避雷针；第二次在 1965 年对古塔重新拨款进行全面加固整修；第三次在 1978 年再次清理塔顶及各层屋面的野草杂木以及更换木结构构架，修理屋面、涂刷油漆使古塔焕然一新，恢复其原来的雄伟气魄，以华丽壮观的面貌展示于世人的面前；第四次在 2005 年对宝塔的各层屋面，各层外挑平座及平座木拉杆全部加固整修，对全部木梯段全面加固，更换塔顶避雷针，更换加粗避雷引入线，将单线改为双线入地，大大提高了宝塔避雷安全性能。

图 3-1　苏州报恩寺塔
（北寺塔）

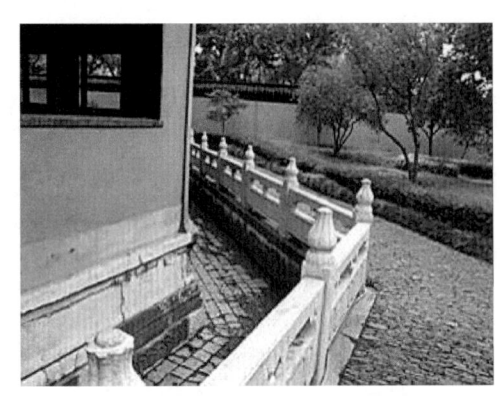

图 3-2　北寺塔原宋代地漫构造

报恩寺塔的主要结构为：基础四周全部用青石作基础，四周回廊宽敞，回廊柱全部做成收分式可起支撑作用，外廊柱采用当地坚硬的金山花岗石做石柱稳固，为预防塔基长时间受雨水浸泡，产生不同程度沉降，古代工匠就在周围设明沟进行排水。塔檐围廊外地坪与塔身筒体内地坪落差较大，古代工匠已考虑了古塔在特大暴雨后可立即排水的作用。古塔有两层宽厚的墙体，内外八角设砖柱作塔身稳定，十字门洞相对穿通，门洞穿过塔身墙体连通内外廊，对抗风有一定好处，外廊由三道矩形木梁悬挑 1.15m，古代工匠为保护木构架，梁头与台口梁全部用磨细青方砖作挂枋封垛，预防雨水直接淋湿木构架，外廊也采用方砖铺设，基底与砖缝用油灰胶合粘结木板，挑口设置木栏杆，栏高为1.08m。

报恩寺古塔的具体营造尺寸为：

（1）塔总高度为76m。

（2）塔体直径为19.96m，内分有三道筒体墙砌筑，加上四周回廊台基总直径为34.66m。

（3）塔外复廊石台坪高为1.1m。

（4）底层塔檐宽为7.08m。

（5）塔廊地坪台基至塔体地坪台基设9级台阶，进入塔内，塔台基高1.52m（台基全部用青石须弥座式制作，束腰处两端部设角花装饰，每面中设护塔金刚三尊，雕刻精细，工艺逼真）。

（6）塔外复廊廊柱用坚固的当地产花岗石制作石柱，直径为39cm，五角形式。

（7）塔入口门洞高为2.16m，外门洞口为拱形，内门洞口为壶门式（壶门是佛教建筑的特殊形式）。

（8）古塔外筒体墙宽为2.96m。

（9）古塔内筒体墙宽为2.76m。

（10）古塔上部挑檐外走廊宽为1.15m。

（11）塔筒体中间内走道为1.5m。

（12）塔底层层高为7.76m。

（13）塔二层层高6.36m。

（14）各层塔心室为2.9m见方。

（15）塔内砖柱突出筒体墙面26cm，柱宽为36cm，上设砖制斗六升扶壁栱构造。

（16）外筒体墙砖柱与内筒体墙砖柱设三道木枋连梁稳定整个塔身筒壁。

（17）上人楼梯沿筒体墙壁边设折角平台，每层设上、下二段梯段与折角平台相接，以利通行。

塔身筒体全部用加厚加宽城砖砌筑，粘结材料用明矾水糯米浆与石灰浆加黏土浆搅拌制作的砌筑用材。梁枋上部内外设壶门斗六升斗栱，全部是加厚青方砖制作，做装饰砖拱，砖柱上下制作底座和帽座，内洞口上部菱角形装饰，是佛门中常用的洞口形态，美观大方有佛门之灵气。有很多尺寸都含"6"的数字，有六六大顺的含义。顶部塔刹木贯通八、九层，约 30 多米长度，塔刹木根部直径 65cm 左右，稳固地竖立在塔心的千斤梁上，塔刹杆与千斤梁均为楠木，直达塔刹之铜葫芦内，并有八根戗根木支撑着塔刹木，屋面上部挂压着塔刹铸铁件，有 8 根抗风旺链连着 8 只戗角旺脊钉，稳定塔顶与整个塔构架的铸铁塔刹。报恩寺塔是一座非常优美庞大的古塔，巍然屹立在江南苏州的古城中。图 3-3 为北寺塔底层外廊及雕刻精美的须弥座。

图 3-3　北寺塔底层外廊及雕刻精美的须弥座

砖塔一般外面不设置走廊，直径也比较小，层数少，层高也低，在江南的古塔中，砖砌筑古塔相对不太高，如苏州闻名中外的云岩寺塔坐落在苏州西北虎丘山顶上（俗称虎丘斜塔），它的高度现有 47.70m（缺塔刹），直径东西为 13.64m，南北为 13.81m。云岩寺塔建修于北宋，元至正和明永乐、正统、崇祯、清乾隆二年（公元 1737 年）几经修葺，现第七层为崇祯十一年（公元 1638 年）时重新修建。

云岩寺塔是一座七层八角砖塔。但原云岩寺宝塔为有砖木结构出檐装饰，毁于咸丰十年，宝塔木构全部烧毁，随着长时期在山顶风吹雨淋，木构架已腐烂，留有现存的木构架空洞，经过历朝多次修复变成现在的砖塔。虎丘塔的结构现全部是砖砌筑（图3-4～图3-6），内外墙体是套筒式结构，楼层面连成一体，结构性能比较好，其各层空间的连接以叠涩砌作的做法相连，历经风雨千年以上斜而不倒。它的倾斜度要在2.34m，至今仍屹立在虎丘山顶，这与它的优良内部结构有着十分密切关系。因虎丘塔设置外圈砖墩与内砖墩柱相连组合，全塔靠8只外砖墩柱和4只内砖墩柱支撑着它的塔体。而且云岩寺古塔的筒体砌筑都是用石灰砂浆所砌，保持至今很不容易（现已采取了内部加固处理）。对它的抗风也是靠十字交叉层面通风，不管哪个方向来风门洞都能串风，使风能够流通。云岩寺古塔外立面装饰较为华美，如梁枋柱、斗栱都是用砖制作，各路鹅毛飞砖、锯齿飞砖与压缩飞砖，都是采用砖砌做法，形态复杂、造型优美、工艺性强，它的束腰中还叠塑着牡丹花、菊花图案，有着一定的美学价值。不管是木结构与砖砌混合结构，古塔都有一定的营造工艺技术，凡砖结构古塔，都有它独特的瓦工砖砌技术和屋面安装操作技术等。

图 3-4　150 年前的虎丘塔有木
结构出檐装饰（老照片）

图 3-5　虎丘塔现状

　　上面讲的做法在古塔中比较常见，现在所说的是塔中藏塔的湖州"飞英塔"。

　　飞英塔属唐宋结合式建筑物，始建于唐中和四年（公元884年），唐咸通中僧云皎自长安得僧伽所授舍利七粒及阿育饲虎面像，归建石塔藏之，名"上乘寺舍利石塔"，宋开宝年间（公元

图 3-6 虎丘塔内部砖砌的
枋柱、斗栱等装饰

968～976 年）因神光见于绝顶，遂建本塔笼罩之，并取"舍利飞轮，英光普现"之义而名"飞英塔"。

飞英塔为七层八面总高 55.45m（含塔刹），塔身墙体外围直径为 13.84m，塔底层辅加回廊外围直径为 25.86m，（以地坪锁口石外口为准），塔内下面四层均无楼层平面，由南宋重建之物青石塔一座，石塔是八面五层，下设须弥座总残高 15m，由一百多块青石雕凿拼叠而成，五层共雕佛像 1048 尊，并有铭文题记。塔中藏塔江南一带少见。

飞英塔本为宋代建筑，故它们建筑工艺精细，都以瓦工为主（江南俗称即泥瓦工活），塔的筒体均用青城砖砌筑，砖的规格尺寸为 38cm×22cm×8cm，塔内底层与石塔间的回道均用 16cm×7.5cm×2.5cm 的黄道砖侧铺。侧铺可预防地面湿滑。在五层至七层的楼面及二层至七层的外围走廊均用 27cm×27cm×3.5cm 毛面青方砖铺地，如图 3-7。

飞英塔每层墙体厚度略有收势，底层墙厚为 2.4m，二层为 1.95m，三层为 1.83m，四层为 1.74m，五层为 1.68m，六层为塔刹木底千斤梁所承载层，千斤梁为十字铺架，故六层的墙体与三层墙厚同为 1.83m，七层则又回至 1.68m，每层八

图 3-7 湖州飞英塔

面对照均开有四个门洞能起穿风作用，可供游人进出回旋，另四方侧开半墙厚的暗门洞，则为供奉佛像所用，门洞砖砌时也根据

各层层高及墙体厚度而定，各有不同之处，例如底层门洞宽度为0.9m，高度为2.33m。由于墙厚门洞侧壁上都留有佛龛，供有佛像，门洞顶部收头均采用圆形升罗顶做法，达到了对结构既牢固又合理，从视觉欣赏上也达到了美观、庄重而雄伟（游人观看可增添艺术价值，对崇佛者来讲是对佛祖的崇拜），从这种造型可看出当时在科学不发达的情况下，我们的先祖是何等的聪明。

二层四个门洞均为0.84m×1.98m，它的造法是外廊高内廊低，内外差落1.96m，从内廊至外廊需走8级台阶，台阶全部是用青砖砌筑，外廊青砖地面宽度为0.9m，除去围护木栏杆，行人净距为0.68m，门洞上方顶部为斜角飞砖三层挑出，中间为平顶，虽与底层升罗顶做法不同，但它的受力结构原理相同，如图3-8、图3-9。

图 3-8　飞英塔二层入口　　　图 3-9　飞英塔塔内附壁上昂斗栱

三层四个门洞均为0.81m×1.9m，三层门洞与底层同方向，与二层与四层叉开留置。此类做法为保持塔身整体重量的平衡，外廊与内廊的差落为1.27m，同是八步台阶。

四层至七层的做法与下三层基本吻合，只不过是尺寸稍有收势及洞口缩小而已。飞英塔结构如图3-10。

飞英塔塔顶及下面各层包括副阶屋面均采用苏州御窑产黏土

图 3-10　飞英塔结构图

黑筒瓦，尺寸为 32cm×18cm，底瓦采用斜沟大板瓦，尺寸为 24cm×24cm×1.3cm，勾头采用寿字形似 8 圆勾头，每个勾头盖筒瓦设有檐人，滴水采用唐式圆形小反边（它根据底瓦圆形滴下 3.5cm），各层戗脊均采用板瓦叠砌筑法，顶部用筒瓦盖顶，各哉脊安装烧制走兽 5 个，每只戗头配有烧制套兽一个，各层屋顶围脊同样采用板瓦叠砌筑法，飞英塔的檐高尺寸（表 3-1）。

飞英塔檐高尺寸　　　　　　　　　　　　　表 3-1

塔层	檐口高度（m）	外走廊地面高度（m）
底层	3.7	0.4
二层	11.05	7.9
三层	16.10	13.4
四层	21.35	18.55
五层	26.25	23.7
六层	30.95	28.55
七层	35.65	33.35

3.1.2　殿、厅、堂、舫的主体构造

人们常说的"殿"是古建筑中的大殿，占地面积大，规模庞大，造型优美，木结构构架复杂，雕刻工艺精湛，洞口留设花样多，瓦工屋面工艺性强，特别是江南古建屋面有它独特艺术构思，营造要求高，是古建筑群体中的佼佼者。大殿多为单层式、

双层重檐式建筑两种，规格层次较高，高度大都超过 15m，高的超过 20m，用材讲究，构架多为大型杉木制作，木工制作要比瓦工复杂，瓦工墙体比较少，主要是屋面工艺与地面工艺、露台基础工艺与佛台砌筑雕刻工艺等。要把大殿建好，必须由多工种互相配合，如瓦工、木工、雕刻工、砖细工、石作工、油漆彩绘工等都是不可缺少的工种。由于大殿结构比较复杂，工艺性强，高度较高，营造难度大，用材质量比其他建筑要求高，各种材料尺寸规格又大，是古建筑群体中工艺技术性最强的建筑物之一，要想建好殿，必须掌握好建造中的每个环节，包括地面平整、基础坚固、柱的垂直、梁架的搭接、屋面弧度、铺瓦搭接、水路宽度、柱的收分、外檐柱侧脚、升起要素、屋面防渗漏、屋脊装饰美观等环节因素。图 3-11 为天坛祈年门。

厅、堂也是古建筑群体中的主要建筑之一，建筑讲究，选材精良，内装饰复杂精细，雕饰加工要比其他建筑要求高，家具也有一定的陈设布置，是接待宾客、办理家事、休息、娱乐的主要场所。有的厅堂营造工艺更

图 3-11　天坛祈年门

加精良，雕刻精细，有的全部梁枋均做雕刻。有部分厅堂两边内墙还贴上磨细清水方砖，有"两袖清风"之说法，同时又起到了内墙装饰作用。图 3-12 为徽州某大户人家的厅堂。

门窗洞口方砖镶边字碑装饰，木柱磉礎根据时代变化刻有花草、兽物、松鹤、蝙蝠等图案。

前后中间落地长窗，两边次间为半窗，厅堂进深大

图 3-12　徽州某大户人家的厅堂

的前后设外走廊，进深小的前面设走廊，后面不设走廊。两边留设门洞，通向山墙外边备弄，两次间设天井，两边间设厢房。特别是花篮厅、鸳鸯厅结构精细，构造复杂，上部设草架，营造难度较大，要根据一定的力学原理及具体操作理论经验才能胜任，是工艺学、力学与美学的完美组合。

舫是建筑物中临近水面，一边与岸相连，或全舫坐落在水中，与岸保持一定间距，是别具特色的水中建筑物，同荷花厅、水榭一样都属于临水类建筑。舫通常称"画舫"、"船舫""旱船"它基本与船的形体相似，分前舱、中舱、后舱三段组成。舫的制作方法有许多种，有简单的篷顶式画舫，中前舱不做门窗，还有优美的封闭式画舫，中前舱全部用门窗装饰。

画舫基底都为条石砌筑，基底地坪高低有错落，一般为头低于前舱，中舱为最低，后舱高于中舱，后舱一般为二层，可上楼眺望，周边用砖砌墙体，上部四周采用半窗，下留设通道门窗洞，后稍略低后舱，但稍尾有一点起提，舫的头与稍都用石条，搁设舫跳板之意，舫的营造也是古代工匠的建造创意，如图3-13。

图 3-13　吴江退思园的"闹红一舸"船舫

舫的屋面也是别具特色，它的前舱略高于中舱，是环包式四坡顶落水，以前后式落水黄瓜环屋脊发有水戗，但是水戗不是太出，仅作舫的装饰。中舱低于前舱，两侧落水，顶部弯像成船篷式，也是黄瓜环屋脊穿入前舱檐口底部，两侧窗格为和合窗，是支撑式开启，不像其他门窗平开，这是画舫的开窗特色。后舱为舫的最高点，它是两层，屋面也是四坡顶环包戗角，水戗发戗，屋面比前舱略大些，整个屋面黄瓜环脊造型之独特，水面调和平缓开朗，装饰也颇精美，是岸边的精点，水中之精华。

3.1.3 墙体的砌筑方法及土青砖的规格

古建筑的墙体有很多种砌法，以砖的重量大小，墙体结构构造来确定砌筑方法。墙的砌法有实滚墙、花滚墙、开斗墙（空斗墙）填空墙中间填上乱砖。开斗砌可分单丁头砖砌法、双丁头砖砌法，实滚有花滚砌、丁实滚砌法，还有镶思实滚墙，镶思还分大镶思、小镶思、扁镶思。合欢分大合欢、小合欢。小合欢、小镶思不设丁砖。因墙厚仅半砖或半砖多一点，空斗也分全空斗（不填碎石）和可填空斗两种。可填空斗墙稳定性稍好些，抗风性强一点，比空斗好，但墙体较重较宽，适应于外墙砌筑。全空斗墙较轻，墙薄，不宜碰撞，适合内墙砌筑。镶思墙、合欢墙一般都是隔墙砌筑较多，由于尺寸小，适合其他墙不能砌的地方砌筑。实滚、花滚或花滚加厚大都适合建筑物高大或有楼层的外山墙、八字照墙、照壁墙等，如图 3-14～图 3-17。

墙体名称也随建筑所需、墙体砌筑位置来定。即开间两边依边贴柱砌筑者称外山墙，靠中间柱称内山墙。外山墙也有几种筑法，如"三山屏风"、"五山屏风"、"观音兜"、"女儿兜"、"硬山墙"、"落叶平稳硬山"、"千径墙硬山"等。

内墙分隔的单墙称"隔墙"，砌筑于短窗下面的墙称"半窗墙"，上部飞檐椽露出墙面，墙砌在檐枋底部的墙称"出檐墙"，又称檐山墙，墙把檐口椽子包封墙内，外砌设抛方或飞砖的称"包檐墙"，厅堂前后天井两边的隔墙称"塞口墙"，前门天井，围墙于房屋山墙和墙门楼的分隔邻居界限的墙称"界墙"，前后包檐两边设置门垛的墙称"垛头墙"，廊亭榭围柱砌筑，能休息坐人安装美人靠的（俗称吴王靠）矮墙称"坐槛墙"，厢房两边图中文字：

立面　扁
平　砌
面　1.1尺至1.2尺

实
滚　填灰砂
　1.2尺至1.4尺

实滚芦菲片
1.2尺至1.4尺

立面　花
平　滚填灰砂及碎砖空斗镶思
面　1尺

单丁斗字
填灰砂　1尺

实扁镶思
1尺至1.2尺

立面
平
镶思填灰砂及碎砖
面　1尺

大合欢
填灰砂及碎砖
0.7尺

小合欢
0.35尺

砖以长七寸，宽三寸半，厚七分为通用。

0 10　50cm

图 3-14　墙垣的砌筑方法示意图

图 3-15　芦菲片墙砌法

图 3-16　一侧五丁一皮砌法

设花园天井，外边砌筑的高墙与前后厅堂山墙连接的墙称"千径墙"，寺院、祠堂、富豪门宅前的单墙称"照墙"，为了安全把建筑与院子围起来的称"院墙"（围墙），常在宅第西面前门厅山墙向前伸出房屋的单墙，为了避风冬天能晒太阳之用的墙称"抄手墙"（江南农村较常见），最差的墙应

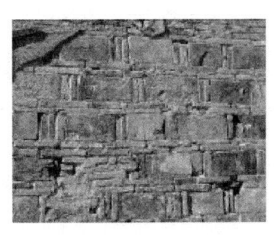

图 3-17　一侧三丁二皮砌法

该说是夯土墙（俗称泥打墙），夯土墙一般采用碎石砂土放入适量水搅拌后，用木板夹在木柱两边，分层夯实，有的还掺入少量细石灰一起搅和，能提高强度，防止雨水浇湿墙体后造成倒塌，内墙一般不放砂石，完全是土或灰土。夯土墙都是在山区或贫穷落后的地方比较常见，内外墙都可以使用，但外墙分层夹碎石夯筑法。

　　古建筑墙体的砌筑都是随着建筑物所需来确定墙的高宽、砌筑砖的大小规格、砖的厚薄和墙体的砌筑方法。墙在古建筑中有着一定的围护安全、防火、防雨与装饰作用，在不同的建筑物上砌筑不同的墙体，如古塔、城墙、古墓都采用加厚加大尺寸的城砖砌筑。

　　对寺院、祠堂、民居、宅第、街坊等建筑物砌筑的墙体所用的砖都各有不同。品种规格也有很多，所使用的墙砖都是地方土窑烧制，人工制作，没有统一规定尺寸，因窑地不同，所砌墙砖的性质而各异。

　　在江南一带有南窑北窑之分，南窑以嘉兴、嘉善一带的土窑为主、北窑以苏州城北陆慕、太平，苏州城东唯亭、车坊、昆山、大同一带土窑为主，以上窑产品种比较齐全称大窑货，规格也基本正确，是主要用于当时比较大的传统古建筑工程，北窑的质地要比南窑好，制作工艺技术强，品种又多质地也好，由于阴干，不晒坯、不变形、不裂缝，空隙较少，重量重、吸水量少，因坯质结实，经火烧后敲打有钢质声，是上好的建筑材料，所以

北窑产品称为上等佳品，还送进京城皇宫作建筑用材与宫殿铺地之用。表 3-2 是浙北一带如嘉兴、嘉善、湖州等地常用的土青砖部分规格尺寸。

北窑苏州一带陆慕、太平、唯亭、车坊、大同常用土青砖部分规格尺寸见表 3-3、表 3-4。

南窑部分土青砖规格尺寸　　　　　　　　　表 3-2

砖名	长度（cm）	宽度（cm）	厚度（cm）	用途
土青砖	25	12.5	3.5	砌普通墙用
土青砖行三斤砖	23	14	3	砌普通墙用
土青砖市三斤砖	24	14	3.5	砌普通墙用
土青砖二斤砖	21	11.5	2.5	砌普通墙用
单城砖	33	19	4.5	砌楼房墙用
单城砖	35.5	20	5.5	砌楼房墙用
单城砖	30	15	4.5	砌楼房墙用
加厚宽单城砖	29	17	5.5	砌楼房墙用
土城砖	28	16	5	砌楼房墙用
土城砖	31	17	4	砌楼房墙用

北窑部分土青砖规格尺寸　　　　　　　　　表 3-3

砖名	长度（cm）	宽度（cm）	厚度（cm）	用途
城砖	44	22	7.5	砌城墙古塔用
小城砖	31	15.5	5.5	砌城墙古塔用
土青砖	28	14	4.5	砌高贵房屋用
土青砖	28	14	3	砌高贵房屋用
土青砖	24	12.3	2.5	普通民居宅第用
土青砖行三斤砖	22.5	11	2.5	普通民居宅第用
土青砖行二斤砖	20	9.7	2	砌隔墙用
土青砖市三斤砖	25	12.5	3.5	普通民居宅第用
望砖	21.5	11	1.5	作砖展板用

砖名	长度(cm)	宽度(cm)	厚度(cm)	用途
望砖	22	12.5	1.5	称海砖
黄道砖	16	7	4.5	铺路用
黄道砖	15	7	4	铺路用

北窑部分地坪方砖规格尺寸 表3-4

砖名	规格(cm)	厚度(cm)	用途
大金(京)砖	72×72	10	铺设宫殿大殿
小金(京)砖	66×66	8	铺地坪
大加厚方砖	50×50	7	铺地坪
中加厚方砖	40×40	5	铺地坪
尺八方	35×35	4	铺地坪贴面用
尺六方	30×30	3.5	铺地坪贴面用
特制嵌砖	36×19	9、4	作槛栏用

3.1.4 外山墙

（1）硬山式外山墙

普通民居宅第与简单的祠堂，都以硬山式山墙来砌筑主要厅堂建筑及其他附属建筑，是建筑物砌得最多的墙。硬山墙是人字形前后落水，但古建筑要根据木构架提栈确定硬山墙的提栈放坡，放坡有一定的弯挠度，使屋面同硬山形成一体的曲线美，其砖檐有一飞砖、二飞砖或蓑衣楞做法。一飞砖檐侧面飞出3cm上尖部4cm，二飞砖第一路同样，第二路要比第一路相应出一些，下面为5cm，上面为7cm，因山尖高容易淋雨，所以多飞出一些对淋雨有一定好处。一般外山墙都是墙阔一砖多一点，就是"一丁一包头"，俗称小阔墙，丁砖不直接伸向墙内，有一定空间，一般在3cm左右，使长期淋雨不会渗湿内墙面而出现霉变，这也是古代工匠总结出的科学依据。如一砖墙丁砖容易受湿渗水。所以古代都采用花滚、实滚、开斗、小阔墙砌筑做法，既保证外山墙坚固，又保证内墙面不渗水霉变。有条件的下面还砌筑有花岗石做细的侧塘石作勒脚，内墙清方砖贴面，做成镜框线脚等。还用铁搭把木柱与外山墙砖石拉结，使木构架与外山墙形成整体，稳定建筑物结构，确保安全。

（2）博风墙

博风墙也是外山墙中的一种，但都是以露面边山墙为多，就上部尖顶砌筑不同而异。博风墙是古代工匠为了使硬山墙有一种美观装饰，同前包檐一样砌成山墙面抛方，但抛方砌筑同包檐抛方有所不同。博风墙的抛方有弧线弯度，上部垛方较大下部较小，逐步缩小形成弧度，在檐垛处还有泥塑雕刻作装饰，如象鼻、样叶、草龙等图案。抛方底口托混线脚，抛方上部二路飞砖，做出硬边愣，飞砖线条流畅，博风抛方的山墙大都不砌勒脚，但可在山尖下部设置圆形泥塑饰景图案，工艺精细，增加山墙立体美观，有许多还用清水方砖制作博风抛方，贴于山墙上部称博风挂方，使山墙更加美观。下部墙面用传统的湖砂石灰砂浆打底，混水纸筋光面，抛方同样粉刷，刷上灰黑水，墙面全部刷上白水，使抛方显得更加棱角分明优美。博风墙不论在南方、北方都能看到，但做法不同，像北方一般不做粉刷，有的用木板制作出山博风，南方有粉刷有清水方砖做挂方等，做工较精细且工艺性强，线条变化多样。博风墙有着地方民族特色与宗教特色内涵，所以南北各有不同。

（3）三山屏风墙与五山屏风墙

三山屏风墙与五山屏风墙基本相似，仅两边多一个层次而已，主要是建筑物厅堂进深尺寸比较大的，可采用五山屏风砌筑法。进深尺寸小，不宜砌五山式屏风的可砌三山屏风。屏风墙是古代工匠巧妙地装饰了山墙的立面效果，中高两低有层次感，最主要的还能防备火灾，起到了连体建筑物的防火功能，因古建筑都是木结构建筑，容易起火，建筑物与建筑物基本都连在一起，最多相隔一垛墙，桁条木柱距离接近，万一旁边起火就不堪设想，因此屏风墙就起到了封火的作用不影响邻居宅第，起到封锁火焰作用和主建筑物与附宅建筑的分隔的用途。因屏风墙高出于建筑屋脊，包砌于木桁条与木柱外边。墙顶前后两头侧砌成垛头抛方，左右两侧加有飞砖二路，前后顶头面垛头上部加山脊还盖上小青瓦，两边安装花边滴水，顶部做甘蔗段屋脊，把屏风墙装饰成很多线条，既美观又有安全作用，又使每家宅第有非常明显界限之分。

在砌筑屏风墙时，一定要把每个层次的比例尺寸分好，不论是三山屏风还是五山屏风都要正确划分，才能有较合理视觉效果。一般中间最高层最宽，要比其他两层大 0.5 倍，相当于下层为 1m，顶层为 1.5m，这样的屏风看上去感觉效果较好，且有庄重感和层次感，如图 3-18。

三山屏风墙　　　　　　　　　　五山屏风墙

图 3-18　屏风墙

（4）观音兜山墙

观音兜山墙也是外山墙一种变化，同样有它的艺术性。观音兜山墙很多砌于露面山墙，另外此种墙看上去也是比较美观大方，有它的独特艺术效果。砌筑方法同其他墙不一样，它有从两金桁处开始向上砲提栈（半观音兜）或从廊桁处向上砌提栈（全观音兜）两种做法，顶部基本平行。

观音兜山墙很多砌于祠堂、寺院厢房，民居宅第很少见，观音兜上部只做两路飞砖，因它的底瓦连通下部步廊山墙边楞及底瓦飞砖，也是墙身同观音兜一起兜通，观音兜都是墙中间设底瓦两边做盖瓦，盖在飞砖缩进 3cm 处，同硬山墙飞砖一样做法。

因观音兜上的瓦非常难做，弧度提栈陡，所以盖至观音兜上部弯曲处要把瓦做成半张，在弯曲转角处抹上纸筋灰，才能把观音兜做得顺畅。

观音兜山墙砌筑时，前后檐口设置垛头，而且大都是鹰嘴书卷操，非常之优美，采用纸筋灰粉刷做线条而成，制作出较美观的书卷花纹，在中部观音兜中间可做成圆形饰景泥塑，增加整体山墙工艺性和美观性，如图3-19。

图 3-19　观音兜山墙

(a) 半观音兜；(b) 全观音兜

3.1.5　内墙

（1）隔墙

隔墙是建筑物内部分隔使用功能的主要墙体，有山墙隔墙，是分隔开间正间与边间用，依中间木柱进深砌筑；有开间隔墙，依桁条搁置方向砌筑，分隔前后之用；有界屋隔墙，不是把整个山墙全部隔断，只分隔界层或二界三界不等。古代砌法也有多种多样，如空镶思，实滚镶思、合欢墙、半砖墙等。但内墙大都不宽，为了内部不影响使用面积，根据柱的大小来衡量墙宽比较合理。砌筑时可用石灰浆拌湖砂的石灰砂浆砌筑，粉刷用纸筋灰分二次抹粉，粘结效果好，墙面平整，干后刷白灰浆白水二度，使内墙面增加光洁度，如图3-20。

（2）半砖墙

半砖墙（称为五寸墙）大都砌筑在立贴式屋架的界梁底部，起隔墙作用，半砖墙空斗砌筑重量轻，基础砌筑方便，所以古代工匠在砌隔墙时采用半砖墙的还是很多，但半砖墙砌筑在柱的中心，两头的扁砖要做成丫口，使墙与柱成整体，不易倒塌，半砖墙也有扁砌几皮，再开斗的做法，应根据实际情况确定。

图 3-20　拙政园外园和中园的分隔墙

（3）半窗墙

在江南古建筑群体中半窗墙是常见的墙，不论是厅堂、祠堂、民居宅第、古街坊、临河水乡古建群都有半窗墙的砌筑。半窗墙主要是有着它独特的门窗装饰变化作用，还起冬天挡风、雨天防雨及防盗的作用，因半窗墙都砌筑于建筑物边间前面，如厢房靠天井，四面厅两边间，楼房靠南立面或主要立面等处，如图 3-21。

很多古建筑居室都设置边间，容易隔断，但落地长窗对居室不利，木制门窗不紧缝，透风性强，加上南方雨水多，南面门窗容易淋湿，对木门窗保护不宜，为了预防冬天寒风侵入居室，所以古代工匠将边间的门窗下部砌成半墙，上部安装古式短窗，这样既减少了寒风入侵，又预防了下部雨水淋湿渗入室内，同时又确保居室通风透光。半窗墙都是镶思砌法砌筑为多，墙不宽不影响使用面积又比较实用，如图 3-22、图 3-23。

图 3-21　怡园藕香榭的半窗墙

图 3-22 半窗墙示意图　　　图 3-23 砌筑半窗墙

（4）坐槛墙

古建筑中砌筑坐槛墙的地方也很多，与其他墙不同，墙虽矮但墙面宽能坐人，大都砌筑于长廊、亭子、水榭、四面厅外廊四周，坐槛墙主要起在园林中游览时作小憩观光欣赏之用，还可以在坐槛墙上部安装美人靠（吴王靠），既美化了建筑物，又起到了装饰与靠坐作用，所以坐槛墙要比其他墙宽，墙上面还用磨细青方砖铺设，它一般总高在 40～45cm，宽度也在 30～40cm 左右，安装美人靠的坐槛墙比不安装美人靠的坐槛墙要宽一些，坐上去使人舒服有安全感，是园林中最佳的室外休息场所，如图 3-24、图 3-25。

（5）院墙与围墙

院墙很多人都称作围墙，但是实际围墙与院墙有所区别，围墙是指外围把整个建筑物全部连接围在里边的墙。围墙有着与外界分隔围护建筑物自身、安全保护宅第民居的作用。

院墙是园林与家庭小园中作分隔院子所砌筑的墙，布置园中之园起了很大作用，院墙又有一定工艺技术装饰，可起到美化园林的作用，达到园中有园、景中有景、曲径通幽的相隔效果，这才称为真正的院墙。

院墙可砌筑成龙栱墙、漏窗墙、地圆及异形门洞墙，也可以

图 3-24 坐槛墙示意图

图 3-25 坐槛墙实景

顺自然弯曲砌筑，或随建筑物走势朝向砌筑，砌成壁廊式、复廊式、曲廊式的院隔墙等。

在公园里的院墙有很多砌成抛方和飞砖，还在墙顶上做成屋面，做成屋脊，与长廊曲廊和其他建筑物形成整体。如图 3-26～图 3-28。

图 3-26 无锡寄畅园的龙栱围墙

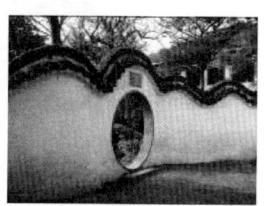

图 3-27 苏州怡园院墙

（6）抛方

抛方在墙体中比较常见，特别是前包檐墙、院墙、祠堂会馆门厅入口处外八字墙等，都有抛方的砌筑。抛方门窗洞口的留设也作了适当处理，营造成茶壶档式洞口，这也是为门面墙体立面处理的装饰效果，增加墙面线脚，对墙体的雨淋防湿保护起到了

图 3-28　拙政园枇杷园院墙

至关重要的作用。

古建筑中的抛方有多种砌筑方法，特别是垛头的高低大小、线脚的砌筑路数、粉刷的工艺线条各具特色。一般抛方第一路飞砖应飞出3cm，第二路圆形托浑应飞5cm，托浑上面一路飞砖也是3cm，再向上砌筑的就是抛方的垛头，抛方垛头的高低要根据墙面高低来确定，可高可低，一般分普通宅第的包檐墙，塞口墙，普通院墙大都为尺六式抛方，是指鲁班尺一尺六寸的总高。如祠堂、商会会馆前面围墙较高的相邻隔墙，都为尺八式抛方。如照壁墙、千径墙，高筑围墙等可建造成二尺至二尺二寸不等的抛方垛头。所以说南方古建筑都有它独特的装饰，配上它相应比例的抛方。所有抛方在砌筑时，应把飞砖的捺脚砖压好，预防飞砖受力后向外倾翻塌落。如图 3-29。

图 3-29　园林围墙上的抛方

在粉刷上，抛方也要根据建筑物的规模档次做出粉刷要求，是否是普通粉刷，还是壶细口和平嘴茶壶档等。如为房屋的正立面应在粉刷上做得精细一点，做成壶细口，上面飞砖做成亚混和平嘴，使立面看上去有一种精细的美观视觉效果。

（7）墙垛

有很多的墙体在前后出檐墙或包檐墙，外山墙和大门两边都能砌筑成墙垛（门垛）。墙垛有多种多样的砌筑法，有清水垛头，有混水垛头。清水垛头是用青方砖制作，雕刻成各种花式及回纹线脚，如纹头式、飞砖式、朝板式、吞金式、壶细口式、书卷式等等。

混水垛头也有很多种做法，也可粉刷成各种各样的线脚和各种工艺墙垛。和平嘴朝板大彩白式、回纹壶式墙垛是一种常见的门面装饰，可使建筑物立面更加优美，具有突出的视觉效果。制作成有工艺性、艺术性的墙垛装饰，这是门面墙可视效果的不可缺少的因素。如图3-30、图3-31。

图3-30　各式垛头示意图

　　(a) 飞砖式水磨砖垛头正立面；

　　(b) 壶细口式水磨砖垛头侧立面；

(c) 用于五山屏风墙（三山屏风墙）小垛头正立面；

　　(d) 用于普通砖墙垛头的侧立面

图3-31　墙垛实景

（8）石库门楼

石库门楼又名祥门头、牌科门楼。门头的营造做法有很多种，大多营造在富商人家的宅第民居、祠堂、庄院。分围墙门头和厅堂内门楼，也有普通与高贵之分。高贵门楼制作工艺复杂，难度较大。石库门头做法在古建筑瓦工中最复杂，难度也最大，雕刻工艺技术也最高，特别是砖雕门头，不论精雕细刻砖雕饰件的安装瓦工要配合砖细工一同进行，就是其他构件，包括石构件的制作安装也有较强工艺技术要求。如地栿石平整、凿赶宕、石楸立直，顶板石高低一致等。石库门楼上的立体砖雕，反映出绘画艺术、文学艺术、民族历史和文化内涵，以及吉祥的民间传统文化等，都有很高超的雕刻工艺技术，因此，石库门楼是不可多得的建筑艺术精品。

石库门楼的砌筑，首先把下部地栿石放平、石揿吊直、上槛顶板门槛洞与地栿成直线，再砌内门垛头，但垛头必须砌成内堂可贴砖细或做混水粉刷，同时应留设门闩洞口。垛头之上是门楼上部最精致的部分包括下枋、束腰、字碑、兜肚、上束腰、上枋、砖牌科、飞砖、屋面、屋脊等，与门洞、垛头共同组成一座完整的砖雕门楼。

石库门楼是高工艺性建筑物，砌筑难度大，线脚花色多，门宕空间宽，高度又高，荷载比较重，所以在砌筑时要注意上顶石板不能直接承载上部全部荷载，古代工匠凭着智慧，一般在中枋放两根和顶部放三根杉木枋或杉原木，部分替代下部顶板承载荷载，使门楼不会出现顶板断裂，保持门楼的稳定坚固和造型优美的特点。

图 3-32　网师园的砖雕门楼

混水门楼营造也同砖细一样，砌筑方法相似，不同的就是在贴面装饰上有差异，砖细门楼用青方砖作雕刻装饰。混水门楼用纸筋石灰作粉刷。包括兜肚、字碑泥塑，上下枋线脚都是用纸筋灰来抹出作装饰，混水门楼一般都营建于普通家庭与一般宅第的建筑物上，主要是它的造价低廉且营建方便，速度也较快，如图 3-32、图 3-33。

（9）木牌楼与石牌坊

木结构牌楼与石牌坊在江南及全国各地都比较普遍，是古建筑中常见的构筑物之一。

图 3-33　大石头巷吴宅的砖雕门楼

牌楼大体有两种做法，一种是木柱斗栱牌科式，屋面盖瓦筑脊，另一种为石柱石梁式，柱中间镶嵌木制斗栱牌科，上部盖瓦筑普通脊。除孔庙两柱间有砌墙用磨细砖装饰外，其余很少用砖。

木制牌楼结构复杂，可做成多层式木牌楼，分三层、五层、七层不等，但多层式牌楼一般是多门洞口为主，一般有三门四柱式，五门六柱式等不同做法。

石柱石梁式牌楼多为单层，以中间高两边低，俗称（中高两低），但也可做成多门洞式，一般石柱牌楼柱顶多为伸出瓦顶屋面，石柱顶部浮雕有云纹和仙鹤、蝙蝠等动物图案装饰。

牌楼形态多种多样，但基本都是立柱落地，柱直接深埋于基础内，这样可稳定上部构造荷载，在当时科学还不发达的时期，古代工匠能把牌楼做得坚固而不用支撑，稳定立点，竖立在空中，这是古代工匠聪明才智的体现。如图 3-34。

牌楼毕竟有着一定高度，加上屋面屋脊荷载、风载与雪载影响，古代工匠们在结构受力上设拉钩的办法，把上部荷载形成倒三角立点传递到梁柱上，在柱与基础连接处，用花岗石或青石做成的抱柱石（俗称壶瓶石、书卷石、砷石、狗尾石等）作为支撑抱住柱的根部，使柱有着一定的稳定性，确保上部荷载传承到柱基基础。

图 3-34　北寺塔门前的楠木牌楼

石牌坊分有楼式石牌坊和无楼式石牌坊。有楼石牌坊是指包括斗栱牌科、屋面全部都是用石材雕凿制作而成，形式与木构件制作的牌楼差异不大，同样雕刻瓦槽、滴水花沿。但是花昂板、角昂、翼角、字碑、龙吻等构件同木牌楼有所不同，石构件装饰也比较科学合理，起到了一定的附加支承作用，有楼石牌坊也可制作成五层、七层不等层次牌坊，但柱距相应比木构件的要小。对抱鼓石来说，不分木牌楼、有楼石牌坊，在柱的前后设置抱鼓式、书卷式、壶瓶式等不同抱柱石作根部支撑及装饰用途。

有楼式石牌坊一般在江南都是建造在官府、状元等有功之人的巷口或公祠前面作一种永久性的构筑物供后人纪念。如苏州的三元坊，就在这条巷中出了一个连中三元的状元，为了纪念他，在古代营造了三座石牌坊（但现已被全部拆除）。

无楼式石牌坊与有楼式石牌坊有一定区别，无楼式石牌坊上部不做牌科昂栱，只制作上下梁枋，柱顶伸出上梁枋，并雕凿流云，有一门二柱、三门四柱、五门六柱等不同做法且比较简朴，大都建造于古墓前，还可建造多座式石牌坊，一般是根据官职大小来确定石牌坊的大小数量及是否配有石人、石兽等。如图3-35～图3-37。

在孔庙前面一般都有石牌坊，但孔庙的石牌坊与其他牌坊又有不同之处，它有许多在两柱中间用墙砌筑作装饰，墙身用磨细方砖贴面，四角用磨细方砖雕刻花草图案，中间圆形图案刻有双龙戏珠、牡丹花等各种不同图案装饰墙体。

图 3-35　灵岩山门前的
石牌楼（有楼式）

图 3-36　蒯祥墓园的石
牌楼（无楼式）

图 3-37　苏州文庙的棂星门

　　全国牌楼牌坊有很多种做法，南方与北方大不相同，南方简朴典雅，北方富丽堂皇，上面只简单叙述长江中下游江南一带的建造方法。

3.2　古建筑门洞留设

3.2.1　正门

（1）一般建筑物都设有正门，但正门的做法各有不同，分官府、宅第、寺院、道观、孔庙、会馆等。大门的设置有相当的等级观念，官邸的建筑廊柱要比普通民居高。所以大门也相应提高。官邸商富财主的正门都是用抱鼓石作装饰，配设和头门、门挡、月兔墙，门多设置在正间，建筑朝向基本朝东南倾斜15°左右，正门安在门厅正梁底部（步柱之间）为多，俗称进廊阶沿门，抱鼓石有官级与商富之分，形态高低之别，雕刻图案多样，圆鼓石直径大小不等。如图3-38～图3-40。

图3-38　苏州艺圃大门　　图3-39　七襄公所大门　　图3-40　卫道观大门

（2）民宅正门很多开设在门厅包檐墙上，门洞宽多为1.2～1.5m。民宅多数是木门框，但也有少数石库门形式。江南农村民宅采用满间式一门一达方式，俗称吊达达门，沿包檐墙开设的门叫出廊阶沿门，有缩进一架廊界开设在步柱的叫进廊阶沿门。对冬天晒太阳，下雨天躲雨，门达的保护有很好的有利条件，在江南农村是常见的门户装饰。如图3-41、图3-42。

（3）寺院、道观、孔庙正门与官府民宅不同，寺院、道观、孔庙采用三门（山门），三间正山门的建筑一般都设门洞，而且是拱圈式门洞，圈门用石圈制作与包檐墙相平行，但石圈揿凸出墙面2cm，外设台阶，一般为三级，但也有更高的，要根据地形高低来确定。寺院、道观、孔庙的正门气派很大，可以直接朝正南方向建造，不受朝向的约束，如图3-43。

（4）商会会馆在江南各大城市都能见到，是全国各地到各省主要城市商务往来的联络场所，犹如现在的驻外"办事处"。其形式代表着一个省或一个地区一个民族的商业兴旺情况，这些在会馆内可反映出来。

图 3-41 景德路春晖堂门户

图 3-42 江南乡村常
见的达门

图 3-43 寺庙的山门（苏州重元寺）

建筑也能代表各省地区民族的风格与文化内涵，正门是建筑物的招牌，与各地商贸兴衰有着一定关系，一般在营造上能体现出精工细作的装饰。

安徽的徽派砖雕、福建闽南派的石作工艺、广东的潮州风格、浙江东阳木雕技术，在江南许多城市的会馆正门上都能见到，都代表着各省各地风格，体现出当地的风土人情，营造出了地方会馆的艺术精华，正门两侧墙面或门楼上部可装饰出自己当地的文化内涵等。所以说正门是建筑物的金字招牌，对建筑物整体来说比较重要，在营造及规划上值得后人研究及借鉴。如图 3-44、图 3-45。

图 3-44　嘉应会馆 的石库门

图 3-45　上塘街潮州会馆砖细大门

3.2.2　后门

后门是所有建筑物不可缺少的一道门，但与前门不同，后门较小，不讲究雄伟，相对比较单调，但是后面一定要留设下自己能进出的路，民间地方所讲的后路就是这个意思，宁愿建筑面积减少还是要留有后门，一般官府、富商、寺院、商会、会馆等对后门都不太讲究，只要做两扇坚固的直拼门就可以了。民宅更简单，做普通框樘板门，制作活动门闩，门洞一般都在 90～100cm 即可。

3.2.3　侧门

古代建筑群中的建筑物比较密集，所以侧门也比较多，侧门都开设在正屋前后廊阶两侧山墙或塞口墙上，侧门通向附房和备弄，侧门的洞口大多为 90～110cm 左右，侧门洞口门框多为砖细门套，上部设砖细字碑。因侧门多在厅堂或客堂主屋内布置，所以制作工艺精细，顶部做有拱式，转角有各种形式回纹脚头和雕刻雀替，美化侧门门洞效果，方便两边附房往来，也是古建筑群体内门中比较讲究的一道门，可做成直拼板门、铜拉手。

3.2.4 边门

边门通常是设置在主建筑物两边或附房的前门，称边门。它同侧门不是一个概念，旁边的附房建筑形态同主建筑基本相同，就是建筑面积相应比主建筑要小一些而已，所以边门也相应缩小，也没有规定做法。边门一般不通外面，较大的群体建筑也可以开边门通外面，以方便下人通行。很多边门一般只作内部前后通道使用，如通往居室、厨房、花园等。民宅设边门的不多，因为房屋建筑小，通常不设边门。官邸、富商、庄园、商会、寺院分等级的建筑群体多可在房屋围墙上设置边门。

正门是官方要员贵客进出打开迎接之用，一般普通客人进出都是走边门，这是封建等级观念的糟粕。

3.2.5 月洞门

月洞门又称地圆门，通常设置在内院墙作园中通道用，是院墙的一种装饰门洞，又能起到园中借景的作用，在池塘边的院墙设置门洞，在水中可看到倒影中的月洞门，有着景中景水中月的良好的观赏效果。在园中园相隔的院墙上营建月洞门是一种美学造景。如图3-46～图3-48。

图 3-46 柴园的月洞门　　图 3-47 东山启园　　图 3-48 留园的月洞门
　　　　　　　　　　　　　　的月洞门

月洞门的洞口全部用磨细方砖贴面，两边可做成回纹方脚头、整圆月洞门，底部用一块圆弧形袱石作底，由于花岗石坚固，行人来往踩踏不受影响。月洞门有正圆也有扁圆和底部平口圆多种做法。月洞门上部都镶嵌字碑，形体都为扇形，用青砖制作。

3.2.6　异形门

　　江南一带古典园林比较多，以苏州园为代表的古典园林已列入世界遗产名录。苏州有着它精湛的造园艺术，营造出许多工艺性很强的异形门洞。古代工匠为了园林有移步换景的观赏价值，对园中一些特定的位置，如园林中的旮旯、天井、隔弄，布置一组景观配置异形门洞。通过异形门洞的变化，在每个位置发挥独特的点景作用，对园林造型艺术起到点缀与美化的效果。异形门洞的式样很多，有汉瓶式、葫芦式、八角式、海棠式、椭圆式、秋叶式、贡式等，使园林内增添了不可或缺的艺术氛围。如图3-49。

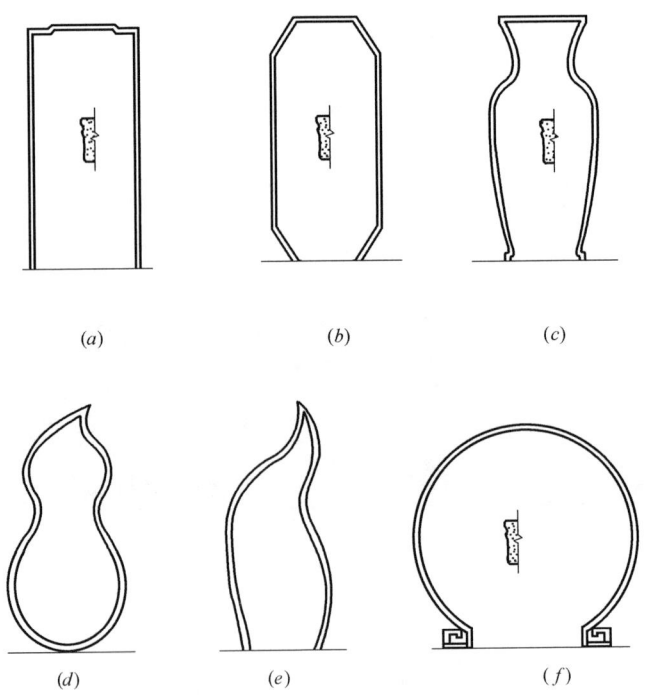

图 3-49　各式异形门与月洞门示意图

（*a*）贡式；（*b*）长八角式；（*c*）汉瓶式；（*d*）葫芦式；（*e*）秋叶式；（*f*）地圆式

3.3 古建筑窗洞留设

3.3.1 半窗

古建筑中的半窗较多，许多半窗大都设置在建筑前部和两侧或天井两厢，江南水乡街坊的民居商铺前后一般为半窗。半窗留设洞口一般都是整开间，既对立面增加美观，又对古街水乡商铺及临河驳岸的楼层建筑减轻荷载。半窗还可采用披水板装饰或不砌砖墙的做法，根据构造可采用多种方法对半窗下面部位进行装饰。

半窗的用途很多，如古建式公园的四面厅、轩屋、厅堂、画舫、楼屋等建筑都能见到半窗。半窗也有它一定的工艺美学价值，如半窗洞口高度留设是否合理，是否用青砖窗台还是用木窗台，清水墙裙还是混水墙裙，用披水板还是用栏杆贴墙装饰等，如图3-50、图3-51。

图 3-50 耦园"枕波轩"的半窗

图 3-51 狮子林"立雪堂"的半窗

3.3.2 圆窗

圆窗不像地圆门洞到处可放，圆窗是一种窗的变化，也属于漏窗的一种，它用的地方不是很多，一般在寺院、道观、园林中均能见到。寺院的天王殿大都是圆窗，大殿前后也有少数采用圆窗。道观同样如此。园林中有些装饰窗也做成圆窗，但总的来说，圆窗不是很多。圆窗制设有它独特的工艺，寺院、道观以泥塑为多，公园中有瓦工用瓦片制作的圆窗，而木工制作的圆窗一般以木制冰纹为多。圆窗是一种工艺性较强的窗洞，有的地方设置后别具特色，造型也比较优美，但施工操作比较复杂，要做出优美线条与棱角，难度相对要大一些，这是圆窗的特点，如图3-52。

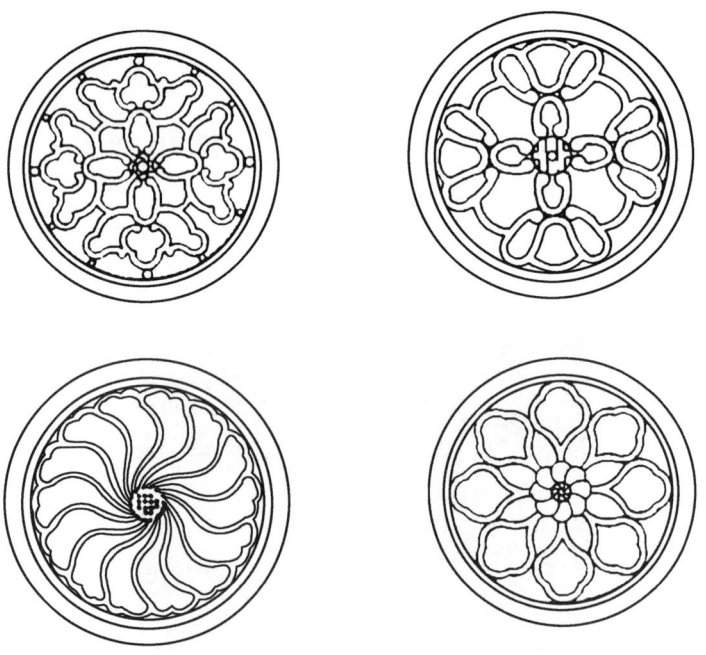

图 3-52　圆形漏窗示意图案

98

3.3.3 漏窗

漏窗又名花窗，江南一带古建筑园林中，在大宅园的庭院中是常见的观景窗之一，起到了不可或缺的点景作用。漏窗是工艺技术要求比较高的窗，它有千变万化的制作工艺，可制作成不同式样的漏窗，且每个漏窗都有吉祥名称。

漏窗的制作材料可用瓦片、望砖、筒瓦或纸筋灰等材料，还可用青砖磨光刨直做细制作成精美的清水漏窗。

漏窗是一门工艺性较强，且具有千变万化的图案艺术。把漏窗制作成精美的花格窗，具有园林艺术特征。

园林中的院墙配上图案极为丰富的瓦作漏窗，使庭园景色更加优美，玲珑剔透，移步换景，呈现出景中有景，景外有景的景致。

漏窗的外形有圆形、长方形、正方形、六角形、八角形、扇形，菱角形、秋叶形、锭胜形、汉瓶形、特殊异形等多种形式。

图 3-53　各式矩形漏窗示意图案

漏窗的窗芯也有多种式样，如寿字式、双喜式、万字式、金钱式、席锦式、菱花式、海棠式、六角套方式、万字穿海棠，梅花套菱景，海棠莲芝花、花篮心莲一根藤、琴棋书画、梅兰竹菊、松鹤柏鹿等等，无一雷同且千变万化，漏窗是江南园林中不可缺少的景观之一，是我国古典民族文化百花园中的一枝奇葩。观后无不赏心悦目，使人陶醉在漏窗艺术的万花丛中。如图 3-53、图 3-54。

3.3.4 异形窗

异形窗是一种特制形态的工艺漏窗，它主要营建在园林中的院墙上，以及比较大的私家宅院院墙、塞口墙等处，异形窗以植

图 3-54　各式方形漏窗示意图案

图 3-54　各式方形漏窗示意图案（二）

物花叶图案与吉祥的民间文化传统内涵相结合的形态设置，同时与环境布置形成一体。异形窗与一般漏窗、门洞相配套，使异形窗更具有一种工艺美。异形窗与异形门洞有异曲同工之美，但又各有各的观赏性。异形窗的外形有海棠式、扇形式、菱角式、仙桃式、秋叶式、花瓶式等形式，而且由于窗芯又有各种变化，因此它比异形门洞更具欣赏性，而比一般漏窗又多了形态变化，更能体现异形窗工艺水平的精湛，更能发挥瓦工技术在异形窗中的主导作用，如图 3-55。

3.3.5　工艺窗

江南古建筑众多，园林建筑也多，但工艺窗不多，因工艺窗是一种特殊式样漏窗，又是漏窗窗洞的艺术精华，体现相当高的泥塑工艺技术。一般先用纸筋、麻丝、铁丝、钢筋制作成漏窗主骨架，再用纸筋灰把窗洞制作成一幅似画一样的立体漏空精美效果图。制作漏窗是江南苏州香山帮古代工匠独特的工艺技术，大都营造于苏州各大园林中，它是泥塑工艺中的部分精华所在，把许多民间传统吉祥物用纸筋灰塑到窗洞中，供游人观赏。泥塑工艺窗都是制作在园林主要景观的院墙或半亭门洞两边侧墙，使主要景观墙上增加美丽的画面，大大增加院墙的艺术氛围，把香山帮瓦工的特有工艺技术在江南一带园林中很好地体现出来，如图 3-56。

图 3-55 各式异形漏窗示意图案

图 3-56 各式工艺窗示意图案

3.3.6 门窗洞戗檐

门窗洞戗檐的作用主要是对门与窗的保护和装饰，门窗洞戗檐大都制安在露面山墙的侧边墙上，因山墙高无法用其他办法挡雨，所以古代工匠就想出在门窗洞上部设置戗檐的办法来挡雨，不让雨直接淋在门窗上。另外戗檐还对光墙的门窗有很好的装饰效果。门窗洞戗檐在江南一带很普遍，上海、江苏、安徽、江西、浙江、福建都能见到戗檐的做法。戗檐也有多种做法，如带

图 3-57　门窗洞戗檐示意图

埃式、飞砖式、茶壶档式、门楼式、清水方砖做细式等等。戗檐的不同做法产生不同的艺术造型效果，如何使门窗洞、戗檐与整体建筑风格浑为一体，也是有相当的研究价值。如图 3-57～图 3-60。

图 3-58　狮子林的一处窗洞戗檐

图 3-59　角直王韬故居的大门

图 3-60　角直"万盛米行"的摄板大门

复习思考题

1. 填空题

（1）古塔是一种有纪念意义的建筑物，是古建艺术的精华所在。古塔有着它独特的营造技术和艺术构思，是古建筑群体中高层构筑物的佼佼者，古塔营造难度（大），构造工艺（复杂），用材（讲究）。塔的形态（千变万化），各有各的意义，各有各的营造做法。

（2）苏州的报恩寺古塔俗称（北寺塔），高达 76m，可称江南第一高塔，而且体积庞大，是（砖木）混合结构，据史书记载建于南朝时期（公元 502～556 年），到南宋建炎初年，古塔曾被金兵毁坏，绍兴二十三年（公元 1153 年）古塔再次重建。苏州虎丘的云岩寺塔是一座（七层八角）砖塔。原来的宝塔为木结构出檐装饰，随着长时期在山顶风吹雨淋，木构架已腐烂，留有现存的木构架空洞，经过历朝多次修复变成现在的（砖）塔。

（3）湖州飞英塔为（七层八面）总高 55.45m（含塔刹），塔身墙体外围直径为 13.84m，塔底层辅加回廊外围直径为 25.86m，（以地坪锁口石外口为准），塔内下面四层均无楼层平

104

面，内置南宋重建之物青石塔一座，石塔是（八面五层），下设须弥座总残高 15m，由一百多块青石雕凿拼叠而成，五层共雕佛像 1048 尊，并有铭文题记。塔中藏塔江南一带少见。

（4）墙的砌法主要有（实滚砌）、（花滚砌）和（开斗砌或空斗墙）三种。填空墙中间填上（乱砖）。开斗砌可分单丁砖砌法、双丁砖砌法两种。实滚有花滚砌、丁实滚砌法，还有镶思实滚墙，镶思还分（大镶思）、（小镶思）、（扁镶思）。合欢分（大合欢）、（小合欢）。

（5）墙体名称是随建筑所需、墙体砌筑位置来定的。即开间两边依边贴柱砌筑者称（外山墙），靠中间柱称（内山墙）。外山墙也有几种筑法，如"三山屏风"、（"五山屏风"）、（"观音兜"）、"女儿兜"、"硬山墙"、"落叶平稳硬山"、"千径墙硬山"等。

2. 选择题（分类选择，在提供答案中选出正确的填入括号中）

（1）内墙分隔的单墙称（A），砌筑于短窗下面的墙称（M），上部飞檐椽露出墙面，墙砌在檐枋底部的墙称（G），又称檐山墙，墙把檐口椽子包封墙内，外砌设抛方或飞砖的称（F），厅堂前后天井两边的隔墙称（N），前门天井，围墙于房屋山墙和墙门楼的分隔邻居界限的墙称（E），前后包檐两边设置门垛的墙称"垛头墙"，廊亭榭围柱砌筑，能休息坐人安装美人靠的（俗称吴王靠）矮墙称（B），厢房两边设花园天井，外边砌筑的高墙与前后厅堂山墙连接的墙称"千径墙"，寺院、祠堂、富豪门宅前的单墙称（O），为了安全把建筑与院子围起来的称（I）也叫院墙，常在宅第西面前门厅山墙向前伸出房屋的单墙，为了避风冬天能晒太阳之用的墙称"抄手墙"（江南农村较常见），最差的墙应该说是（C）俗称泥打墙。

A. 隔墙　B. 坐槛墙　C. 夯土墙　D. 鬼打墙　E. 界墙　F. 包檐墙　G. 出檐墙　H. 城墙　I. 围墙　J. 山墙　K. 夹墙　L. 女墙　M. 半窗墙　N. 塞口墙　O. 照墙

（2）一般建筑物都设有（M），但正门的做法各有不同，分官府、宅第、寺院、道观、孔庙、会馆等。江南农村民宅采用满间式一门一达方式，俗称吊达（L），沿包檐墙开设的门叫出廊（J），有缩进一架廊界开设在步柱的叫进廊（J）。寺院、道观、孔庙正门与官府民宅不同，寺院、道观、孔庙叫做（O）。开设在正屋前后廊阶两侧山墙或塞口墙上的是（A）。设置在主建筑物两边或附房的前门，称（D）。（C）又称地圆门，通常设置在内院墙作园中通道用。是院墙的一种装饰门洞，又能起到园中借景的作用，在池塘边的院墙设置门洞，在水中可看到倒影中的月洞门，有着景中景水中月的良好的观赏效果。园林中的旮旯、天井、隔弄，布置一组景观配置（I）。通过（I）的变化，在每个位置发挥独特的点景作用，对园林造型艺术起到点缀与美化的效果。

　　A. 侧门　B. 后门　C. 月洞门　D. 边门　E. 工艺门　F. 葫芦门　G. 汉瓶门　H. 贡式门　I. 异形门　J. 阶沿门　K. 辕门　L. 达门　M. 正门　N. 将军门　O. 山门

3. 搭配题（将左侧图案与右侧名称用画线进行连接）

（1）指出各式花　　　　　（2）指出各式异
　　　漏窗的名称　　　　　　　形门的名称

　矩形漏窗　　　　　葫芦式

　圆形漏窗　　　　　秋叶式

　方形漏窗　　　　　地圆式

答案

（1）

矩形漏窗

圆形漏窗

方形漏窗

（2）

葫芦式

秋叶式

地圆式

4. 表格填空题（将表格中的空缺处补充完整）

（1）表 3-2 南窑部分土青砖规格尺寸

砖名	长度（cm）	宽度（cm）	厚度（cm）	用途
土青砖	25	12.5	3.5	砌普通墙用
土青砖行三斤	23	14	3	砌普通墙用
土青砖市三斤	24	14	3.5	砌普通墙用
土青砖二斤砖	21	11.5	2.5	砌普通墙用
单城砖	33	19	4.5	砌楼房墙用
单城砖	35.5	20	5.5	砌楼房墙用
单城砖	30	15	4.5	砌楼房墙用
加厚宽单城砖	29	17	5.5	砌楼房墙用
土城砖	28	16	5	砌楼房墙用
土城砖	31	17	4	砌楼房墙用

（2）北窑部分地坪方砖规格尺寸

砖名	规格（cm）	厚度（cm）	用途
大金（京）砖	72×72	10	铺设宫殿大殿
小金（京）砖	66×66	8	铺地坪
大加厚方砖	50×50	7	铺地坪
中加厚方砖	40×40	5	铺地坪

砖名	规格（cm）	厚度（cm）	用途
尺八方	35×35	4	铺地坪贴面用
尺六方	30×30	3.5	铺地坪贴面用
特制嵌砖	36×19	9、4	作槛栏用

5. 计算题

要砌筑一段基础墙 500mm 厚，用 M5 砂浆，MU10 红机砖，基础墙长 18m，高 3.5m，需用多少红机砖？（已知砌筑每米基础墙需红机砖 512 块）

解：先算出基础墙体积 $V=0.5×18×3.5=31.5m^3$

每 $1 m^3$ 需红砖 512 块，$N=512×31.5=16128$ 块

答：需用红机砖 16128 块。

4 古建筑屋面铺设的技术要求

教学目标：

了解古建筑屋面的铺设过程和技术要求，掌握筒瓦、小青瓦和琉璃瓦等不同材料的特性和操作要领；掌握屋脊的种类和各种屋脊的做法；掌握亭子顶、水作戗脊、竖带等的操作以及歇山、排山的砌筑工艺；了解和掌握堆灰塑的工艺技术。

4.1 古建筑筒瓦屋面、小青瓦屋面、琉璃瓦屋面

4.1.1 筒瓦屋面

中国古代建筑是中华民族的瑰宝，是古代劳动人民智慧的结晶。中国古代建筑的重要特点是屋面形式比较丰富多彩，注重外观造型，但是任其如何多变，总的屋面形式可归纳为五种，即庑殿式、歇山式、悬山式、硬山式和攒尖式，根据其构造可做成有脊式和无脊式（俗称黄瓜环），按照构造等级可做成单檐和重檐形式。此外还有十字脊式、盝顶式、盔顶式，如图4-1～图4-5。

图 4-1 庑殿式

图 4-2 歇山式

图 4-3 悬山式

正脊

垂脊

图 4-4　硬山式

宝顶

垂脊

图 4-5　攒尖式

在木作工种中，木椽子安钉结束后，瓦工就可以在木椽子上铺设望砖，望砖铺设一般分为铺设糙望：即不做边，不光面，不刷浆披线就可以直接铺盖望砖，此种形式的望砖一般铺设在仰视看不见的地方：即底部另增轩界，如走廊、回廊界、棋盘顶装饰、檐口出檐椽上飞椽底段及不需要装饰的飞椽上段。披线望砖：即表面经过一般补浆，无明显高低不平，仰视能看到望砖底面，具有一定的装饰效果。在铺设披线望砖前要对望砖进行筛选，要求口边平直，大小一致，厚薄均匀，表面平整，无明显缺角破边。望砖筛选好后要铺放在平整且干净的场地上，如现场场地不平不可利用，此时可用望板。先将望板铺设平整，然后把望砖平放在木板上，排放时要分批排列，以五块一皮，上下交叉堆叠，以免砖灰浆水流至底部，望砖结块硬化，不易浇刷。望砖表面涂刷的砖浆水在配制时要考虑到所建房屋的总体面积，要确保足够数量，这样涂刷出来的望砖表面颜色一致，无色差现象出现，整体效果就比较好。望砖表面刷浆的同时，也要为披线做好准备，披线工具包括白水桶、小木板（或瓦刀），把白水浆调制均匀，有一定浓度，备好足够的量，准备工作结束后，由披线师傅进行披线，用平整小木板（或瓦刀）蘸水后直接披在浇刷好的望砖表面一边角线上，披线时考虑到瓦刀与望砖边线的角度要合理，如角度太小，披出来的线就太粗，角度太大，披出来的线就太细。如何准确把握线条的粗细均匀、角度的大小，这需要有一定实践经验的工匠师傅亲自执披，所谓熟能生巧就是这个道理，披线的粗细均匀，直接影响到整体望砖铺设后的效果，所以决不能有半点马

虎。如图 4-6、图 4-7

图 4-6　铺设望砖　　　　　图 4-7　仰望铺设望砖的效果

做细望砖俗称"细望"，规格一般为 21cm × 10.5cm × 1.7cm，做细望砖操作工艺比一般望砖复杂，且在不同的部位安装使用，其式样可分为平直式望、弧形式望、方望等，在做细望砖前，工匠师傅要先进行选料，要选取表面平整、棱角分明、线条平直、方正、不变形的望砖，材料选好后，根据房屋设定要求进行加工制作。各种形状做细望的操作程序均不尽相同，如做细平望的操作过程为：选料合格后刨边缝，刨望砖表面，操作人员一般都是具有一定经验的砖细制作工匠。砖细制作还需配备各种加工工具，如刨子、铁锤、角尺、刨铁、漆刷、磨刀石，还要搭设制作的操作台等，如做圆弧形的望砖表面加工时还要配备凹形刨、刨铁，砖细表面刨好后，如有洞眼裂痕，就要在表面嵌补同材质的砖末和灰浆，待其表面自然干后用竹花打磨（注：做竹器时刨刮下来的竹末叫竹花），现代则采用砂纸打磨，使其表面成砖青灰色并颜色一致。望砖的铺设一般先铺底层轩界，铺好后，在轩界望上部抹上纸筋灰粘结。因轩界不做屋面，望砖无压力，需靠纸筋灰粘结望砖，使望砖不易碰动。做好轩界再铺上层草界，在铺上层时，先铺设头界，后铺设廊界和花界，按此顺序铺排是为了能先做屋脊，如图 4-8、图 4-9。

屋面望砖铺设好后，就准备上屋面铺设瓦材，根据屋面所需将瓦运到上面，按底瓦及盖筒瓦分开按比例堆放，一般为 40％

大瓦 60％小瓦的比例，如用筒瓦可按 20％筒瓦和 80％ 底瓦的比例分排堆放。

图 4-8　挑选出的细望砖

图 4-9　铺设细望砖后效果

　　各种形式的古建筑筒瓦屋面上所铺设的规格均不相同，大殿上底瓦一般采用 24cm×24cm 斜沟瓦，盖筒采用 29.5cm×16cm（称 14 寸）筒瓦；厅堂底瓦 20cm×20cm，盖筒 28cm×14cm（称 12 寸）；塔顶底瓦 20cm×20cm，盖筒 28cm×14cm；走廊、平房、围墙、四方亭、多角亭底瓦 20cm×20cm，盖筒 22cm×12cm（10 寸）。不同朝代的古建筑还有其他特制规格尺寸的瓦件。

　　江南古建筑中的砖瓦材料分南窑和北窑，浙江嘉兴、嘉善一带烧制的砖瓦材料称为南窑货，苏州北陆慕御窑、太平，苏州东唯亭、车坊、昆山、大东烧制的砖瓦材料称为北窑货。在选购砖瓦材料时，要严格把关，在同一规格需一致，不用有裂缝、沙眼、缺角、色差等的货品。

　　在瓦件运至屋面的同时，由工匠调制铺设屋面用的灰泥，拌制灰泥也有一定的讲究，要按操作经验进行配制，软硬应适宜，水分太足会渗漏到望砖的底面，影响美观，水分太少，不利于瓦件铺设，同时使铺筑的瓦件高低不平。

　　在屋面上由主要工匠师傅划好底瓦档距，做到上下垂直成 90°状，上部老瓦头由有操作经验的工匠师傅负责架线，檐口聚檐派有相当实践经验的老工匠师傅把关，在檐口与老瓦头两头用棉线连接，各控制檐口勾头滴水出进整齐之用。在头停处应由有经验的师傅把线架设，檐口聚檐也应由有技术的师傅先铺设滴水瓦，并把线架设在已钉好的瓦口板口子上部或者滴水角口（如无瓦口板利用时可从脊上分好的档距根据椽子垂直向下引线到檐口），根据所做屋面进深的长短，为了使直线不被风吹动，在拉线上固定若干个铜钱向下坠，使其形成与屋面相同的弧线形状，每一界上有一个工匠掌握，在拉好的线下铺设灰泥。底瓦铺在灰泥面上，铺设底瓦小头向下，大头向上，盖瓦大头向下，小头向上，以便流水。铺瓦由下向上铺设，高低弯曲均要依线，同时由聚檐老师傅在檐口脚手架上自下向上观望是否平直，做好的瓦楞，用直楞板通长连接起来，中间接头托紧，底瓦由线来控制弧度与弯曲，整条底瓦全部做好后，在底瓦盖瓦挡垫上碎瓦片固定，使其不得松动。在每两楞底瓦的沟槽内糊上通长灰泥，其两楞间灰泥宽度与盖筒宽度一致。聚檐师傅先安装好勾头，上下拉好线后在上面盖筒瓦，上下瓦接缝应密紧且在安装时在瓦顶头披上灰浆，防止缝道渗水，盖筒高低尺寸及左右弯曲通常由直楞板控制，应使盖筒垂直平整，形成瓦楞一直线。大殿建筑的檐口勾头上还需安装檐人或钉帽，起防止瓦件下滑及装饰作用，图4-10为镇江金山寺大殿的檐口。

图 4-10　镇江金山寺大殿的檐口

各种筒瓦屋面所铺设瓦的规格虽然不同，但操作方法基本相同。特别是对坡度较大、提栈较陡的殿、塔、亭子屋面的铺设，一定要严格按照古代营造要求，使之达到最好的效果。

江南古建筑屋面比较注重外观的装饰效果，就连檐口勾头、滴水也比较讲究艺术造型，一般在制作时勾头上雕塑上各种花纹，如"兽头状"、"团龙状"、"牡丹花状"、"莲籽莲花状"等图案，花边滴水瓦上塑有"蝠寿"、"草龙"、"龙凤"状等图案。安装瓦头时应钉设瓦口铁搭用于固定瓦口板，起到不下滑的作用，图 4-11 为江南建筑的筒瓦屋面。

图 4-11　江南建筑的筒瓦屋面

筒瓦屋面根据营造要求可分清水及混水做法，所谓清水就是把铺设好的筒瓦表面及接缝内灰浆垃圾清理干净即可。混水做法就是把做好的盖筒表面用黄沙、白灰掺入适量纸筋灰打底（现代可掺入适量水泥，以增加强度），再用纸筋灰光面层，面层纸筋内掺入适量化好的黑水一起拌合，粉后表面瓦筒大小一致，弧势均匀，表面自然干燥，然后用温水化开的牛皮胶或骨胶与轻煤经过特别加工（石臼打成）的黑水涂刷二度，即筑成了江南传统古建筑的混水筒瓦屋面。

4.1.2　小青瓦屋面

在江南古建筑中小青瓦屋面占相当大的比例，宏伟的大殿建筑也有相当部分采用小青瓦作底盖瓦形式，小青瓦有大瓦（底瓦）小瓦（盖瓦）之分。

小青瓦底瓦规格一般为 20cm×20cm，普遍用于走廊、平房、厅堂、榭、亭子等小型建筑屋面，如大殿屋面一般采用24cm×24cm 的斜沟瓦做底瓦。小青瓦盖瓦规格一般采用18cm×18cm（16cm×16cm）与 20cm×20cm 的底瓦配套使用。大殿屋面用 20cm×20cm 规格做盖瓦。

各种屋面的小青瓦铺设操作大同小异，最关键的就是各种屋面坡度（俗称"提栈"）要处理好。大殿、宝塔顶部屋面和亭子屋面的坡度较陡，轩、平房、长廊、厅堂、榭等的坡度相对要平一些，因此，在小青瓦屋面铺设中特别要考虑到它的铺设牢固度，防止屋面上小青瓦向下滑移。在上屋面前，要检查屋面望砖是否要设找望，有的还需铺设木望板，但铺木望板在江南较少，因江南雨水多容易腐朽。检查好望砖后，一方面把瓦材运到屋面上，按一定比例有序堆放，不能集中放在一个地方，另外同样要准备一条棉线和一根或二根直楞板（长度不够时可以多根接起来用）。做檐口瓦头时（俗称聚檐），同样要由有一定操作经验的工匠师傅当手。做第一楞底瓦时，要引好瓦楞线，引线时头停架的工匠师傅把扎线的瓦插入屋脊老瓦头盖瓦内，并按已做好的瓦头间距尺寸放置，檐口处底瓦间距按瓦口板（木工做）确定，如没有瓦口板的屋面，可根据橡子距来定，或由聚檐师傅放置在滴水瓦头角口，间距与屋脊瓦头底瓦间距一样大小。引瓦楞线时要根据屋面的进深长度在线上用铜钱或铁钉固定在线上，形成向下同屋面一样的弧势（但要弧度大的屋面才用），工匠们沿坠线在屋面望砖（或望板）上糊灰泥，然后在糊好的灰泥上顺势先下而上铺设底瓦，底瓦上下搭接长度不少于整张瓦的 2/3 长，且在放置时要把有色差、沙眼、裂缝、弯势不匀的瓦片挑拣出来。底瓦的出进及高低均要放置到聚檐时在两山墙间设定的控制出进及高低的引线上，在放置好的底瓦瓦挡内垫上碎瓦片，固定不松动，在两底瓦间的沟槽内先放上灰泥（一般普通民房在屋面两底瓦沟槽内可设置柴龙），沿铺好灰泥的瓦楞盖上小青瓦盖瓦，檐口在滴水瓦上先安装一张花边，出进用备好的直楞板，做上引线与两边山墙边楞一致，盖瓦脚要落到底瓦上，这样做好的整条瓦楞同底瓦成一样的弧形。

　　特殊屋面的小青瓦铺设：如大殿的歇山处屋面（戗角部位）、宝塔屋面、亭子屋面等屋面的小青瓦铺设檐口按已设置好的瓦口板的瓦挡距确定，没有瓦口板的按脊上（戗脊）瓦挡确定，上部瓦挡距在做两侧戗脊时已设置好且挡距与檐口相同，在铺设小青瓦底瓦时，上下先架设好出进线，一般屋面盖瓦顺序从右到左方向顺势铺设，底瓦铺设前在望砖（或望板）上铺灰泥，两底瓦相邻瓦沟内满铺灰泥，通常民房放柴龙，上铺盖瓦，用直楞板拍上线。屋面高低坡势随戗脊走势，整个屋面表面高低起伏自然、和顺。

由于宝塔层数多，每层的屋面面积不太大，亭子屋面体量也小，但坡度大，特别是亭子屋面的提栈均超过六算直至九算不等。安装小青砖屋面时难度较大。上部瓦挡距按赶宕脊安装时已排列好的间距，檐口处按瓦口板，上下对直成直角，如檐口没有瓦口板的则可从上部做好的瓦挡距垂直向下引。因宝塔及亭子屋面间距不大，再加上两边均为戗角，故所做的小青瓦屋面中间每一楞横向面均不在同一水平面上，特别是亭子、大殿、塔顶屋面的坡度更陡，带戗角的还有横弧度，因此安装时要做到每一楞相邻的瓦的横向连接要有一定的弧势相顺延。

窝瓦的灰泥黏性一定要强，糊灰泥时按自下向上的操作程序，灰泥糊在灰梗条上（又称挡泥条），这样可起到防止小青瓦下滑的作用。

江南古建筑小青瓦屋面檐口上带装饰性图案，滴水瓦上一般设"蝠寿"、"龙凤"等图案，花沿俗称"花瓦头"设"双钱"、"波纹"等不同年代不同形式图案，如图4-12。

4.1.3 琉璃瓦屋面

琉璃瓦屋面在江南古建筑中一般在文庙、寺庙、道观里面应用，在古代民间房屋屋面很少采用琉璃瓦铺设（但现代民间较多）。琉璃瓦规格南方称号（北方称样），共有1号、2号、3号、4号、5号五个品种。

各种形式古建筑屋面上所铺设的琉璃瓦规格均不相同，大殿之上一般采用1号底瓦（28cm×35cm）、1号盖筒瓦（18cm×30cm），2号底瓦（22cm×30cm）、2号盖筒瓦（15cm×30cm），厅堂之上屋面采用2号底瓦（22cm×30cm）、2号盖筒瓦（15cm×30cm），3号底瓦（20cm×29cm）、3号盖筒瓦（13cm×26cm）。宝塔屋面虽然层数较多，檐口较高，但其屋面所占面积

小青瓦(薄)　小青瓦(厚)　大青瓦　　　青砖

青瓦滴水　　　青瓦瓦当

筒瓦　　　　　　　　　　　勾头

小　大

图 4-12　各种小青瓦、筒瓦构件

不大，一般塔周边廊屋采用 2 号，上部采用 1 号底瓦（20cm×29cm）、3 号盖瓦（13cm×26cm），4 号底瓦（17.5cm×26cm）、4 号盖瓦（11cm×22cm）。四方亭、多角亭上采用 4 号底瓦（17.5cm×26cm）、4 号盖瓦（11cm×22cm），5 号底瓦（12cm×21cm）、5 号盖瓦（8cm×16cm），如图 4-13。

在铺瓦之前，先把琉璃瓦按比例运到屋面，对有裂缝、洞眼、色差等不符合质量要求的瓦应拣出来，调制好石灰砂浆，由把作工匠师傅划好底瓦档距，做到上下垂直成 90°状。头停上架线由有经验的工匠师傅负责，檐口聚檐一定要有相当实践操作经验的工匠师傅把好头，檐口的两头用棉线连线，备檐口花檐滴水出进之用，在头停处师傅把线架好，檐口聚檐师傅先把一张滴水瓦架设在木工已钉好的瓦口板口角上部，同时安装瓦头滴水，根据所做屋面进深长短，同样在拉线上固定若干个铜钱向下坠，使其形成与屋面相同弧形，每一界上有一个工匠师傅，在拉好的线下铺设石灰砂浆。底瓦铺在石灰砂浆面上，铺设程序由下向

花脊封头　　龙正吻　　花滴

珠光宝鼎　　　　二戗弯头　　花叉头　　正脊封头

深圳脊包头

花包头　　　　　　　　　　　半圆脊直封头　　二戗脊叉头

花脊凤翘角　　二戗凤翘角

花脊棱翘角　　　过桥盖瓦、底瓦　　正脊挡沟　　花脊

S脊三通　　　　　　　斜沟盖瓦

正回纹　　　　S脊二通　　　檐口瓦

花脊回纹　　　　　　　　　　半圆脊

合角回纹　　沟瓦

图 4-13　各种琉璃瓦构件

上，高低做上线。同时由聚檐师傅在檐口脚手上自下向上进行观望，用直楞板通长连接，望直后把底瓦全部拍上板口。整条底瓦全部铺设好后，在底瓦瓦档中垫上瓦片或板条固定，在两底瓦间沟槽内糊上与盖瓦宽度相同的通长灰浆。由聚檐师傅先安装勾头瓦，上下拉好线后在上面盖上琉璃盖瓦，上下瓦连接处一定要密实且在安装时在顶头披上灰浆，避免渗水现象的出现，高低均要做上拉线，把所做好的盖瓦全部拍上直楞板口，形成一直线。在每一楞安装好的勾头瓦上安装上一个琉璃钉帽（大殿宝塔上用得较多）。

　　各种琉璃屋面所铺设瓦的规格均不相同，但铺设时操作方法

大同小异，坡度大、提栈陡的屋面相对来讲更复杂一点，特别像大殿、宝塔顶、亭子的屋面瓦作的铺设。因此在盖此类屋面时，要采用软梯进行操作，一定要严格按照传统营造要求。要由有过硬的操作技术的工匠亲自铺设，才能达到最好的视觉效果。

4.2 屋脊砌筑种类与瓦工技术

4.2.1 龙吻脊

龙吻脊又称正脊，是在屋脊两头设龙吻或鱼龙吻，中间龙腰多为设置团龙、团凤、麒麟花饰或其他花饰，如法轮、葫芦宝顶，脊上还做有各种花筒线脚条。

据《营造法原》记载，龙吻脊分五套、七套、九套、十三套。它是以开间来确定，见表4-1。

表 4-1

间数	用脊吻	脊高
三开间	五套龙吻	3.5～4尺
五开间	七套龙吻	4～4.5尺
七开间	九套龙吻	4.5～5尺
九开间	十三套龙吻	5尺以上

龙吻脊、鱼龙吻脊一般设置在寺庙、道观的殿庭建筑物之上，因殿庭厅堂规范不同，所以筑脊的做法各异。另外殿庭外观造型逼真，立体感较强，操作顺序较为复杂。

在做屋脊老瓦头的同时，在正脊帮脊木中心每间隔一段距离，设置旺脊铁钉，在每分块的字碑中心点设置一根，其材料采用经过铁匠锻打的成型铁钉（现代可采用钢筋），但要根据脊高定出铁钉直径、长度。二端龙吻处的旺脊铁钉和万年铁环（柏木明桩），长度自脊高与帮脊木面层，向下10～15cm，向边龙吻处钉到龙尾顶部，绑扎龙尾铁筋即可，中间段铁钉长度自帮脊木面层向下钉10～15cm左右，钉至帮脊木内（其中应计算鳌壳板抹泥老瓦头等高度），由于殿庭用脊砌筑较高，一般都设置穿脊过水式样，所谓穿脊过水即是在正脊老瓦头做好后，底瓦穿通盖瓦上口面，前后对齐，合角在一条线上。由盖瓦承担屋脊全部荷载，砌合背脊时，其底口与老瓦头底瓦上口前后通风留有可以穿通的空洞，每一楞底瓦设一个空洞。这样可穿风减少脊对风的阻力。

穿脊过水第一皮砖砌在盖瓦上，砌筑前在脊两头架好水平线，用青砖砌筑，砌到所相合滚筒瓦上口高度时，先用灰浆在所砌砖两侧面上口抹上砂浆，把筒瓦相合所砌的砖口上，形成圆弧形，为减轻屋脊重量，侧边筒瓦内不用抹砂浆，这样滚筒毛坯已成型，在滚筒上部表面砌筑一皮瓦条或望砖，用望砖砌筑两边外挑口与下滚筒最大圆弧顶点对齐，瓦条或望砖砌筑后，再砌上部凹形束塞。殿庭用鱼龙脊、龙吻脊分套砌筑，一般龙吻脊五瓦条式亮花筒屋脊约高 112～120cm，七瓦条花筒瓦脊约高 135～150cm，九瓦条式花筒瓦脊约高 175～195cm，特殊殿正脊瓦条按比例增减，加高路数及脊高，具体尺寸举例如下：

五瓦条花筒筒瓦龙吻脊滚筒段约高 15cm，底下第一路凹束塞连瓦条高度约 8cm，底下亮花筒高度约 19cm，花筒上下瓦条 6cm，中间字碑段暗束塞高度约 31cm，上部亮花筒高度约 19cm，花筒上下瓦条 6cm，顶部盖筒高度约 9cm，设五路瓦条的龙吻脊为 114cm，宽度 12cm。

七瓦条龙吻脊滚筒约高度 18cm，底下第一路瓦条束塞高度约 9cm，底瓦条交子缝高约 9cm，底部亮花筒镶边约高 19cm，字碑段约高 45cra，中间二路瓦条 6cm，上部亮花筒镶边高约 19cm，上交子缝约高 9cm，顶部盖筒约高 8cm，设七路瓦条的龙吻脊一般高度为 142cm，宽度 22cm。

九瓦条龙吻脊滚筒段约高 20cm，底下第一路瓦条束塞高约 9cm，底瓦条交子缝高约 10.5cm，底部亮花筒段高约 21cm，字碑段下部束交子缝约高 10.5cm，中部字碑段约高 52cm，字碑段上部交子缝约高 10.5cm，上部亮花筒约 21cm，上部交子缝约高

10.5cm，顶部盖筒约高 9cm，设九路瓦条的龙吻脊在屋脊中要算最高了，一般为 174cm，宽度 24～33cm。

九路以上特殊龙吻脊高度按比例增高，但要考虑到整体效果。在龙吻脊砌筑中，两侧龙吻到亮花筒边的距离一定要设置准确，角度按 45°设置，一般脊多高，留设距离就多宽（以 45°底角为准）。亮花筒设置前先把屋脊按长度分块，有旺脊钉的位置段用青砖砌筑，亮花筒段的长度与旺脊钉实砌段长度相等。亮花筒用筒瓦架设，先按规定要求设置长度，再用白水刷白两度，四周用望砖砌筑镶边转通，所有戗脊宜用青砖。

五条瓦、七条瓦、九条瓦亮花筒架设时，根据各瓦条路数屋脊的高度分别设置亮花筒的间距大小，上面最后一路瓦条（或望砖）做好后，在中间滚筒部位设置通长铁链条（铁链为 0.6cm 直径的铁条连环串），两头套在吻座处旺脊钉内，铁链条拉通后在上部铺满灰浆，盖上筒瓦后，高低出进上线。龙吻脊头砌筑用青砖加灰浆，砌筑时初步勾勒出龙头（鱼龙吻）形状，做好避雷设置，并在砌筑时用铁件做成骨架预先绑扎在吻座旺脊铁钉上和砖砌的砖座内。

龙吻脊吻座砌筑前先分好中心点，底座砲筑脚头，高度砌到滚筒面高时砲筑托盘，托盘砌筑是向落叶方向托出，托盘砖一般用望砖砌筑二皮，其形式为飞砖式，是坐落龙吻之用。飞砖以上用青砖砌成自然收分形状，等龙吻堆塑好后与形成的龙脊一致。

龙吻脊粉刷按顺序先上而下，先外而内，滚筒表面粉纸筋灰后要有饱满圆度，两边上下距离大小一致，每一条瓦条粉刷前要拉好水平线，用直尺口放上水平线（包括粉刷厚度），用纸筋灰浆粉面，粉面时掺入适量黑水与纸筋拌合，交子缝用搓模来回搓后成一条缝道，使上下瓦条粉上纸筋灰后平行成线，束塞内纸筋灰浆粉刷后表面应平整，相邻上下瓦条粉面相通一致，亮花筒瓦条镶边粉刷平直，顶部盖筒表面粉刷后，自上皮瓦条到盖筒面的距离高低一样，成平行状，盖筒边到两侧飞砖的外边大小一致。龙吻座粉刷堆塑自头向尾，要粉出脚头的棱角，两边对称，飞砖粉刷后上下平行，两边留设尺寸一致，上部砌筑部位粉刷根据其形状，看上去自然、比例合理，如图4-14、图4-15。

图4-14　龙吻脊

图4-15　龙吻脊示意图

4.2.2　哺鸡脊

哺鸡脊是正脊两端置以哺鸡的屋脊。脊头的哺鸡有雕塑或烧制成型与用纸筋堆塑成型两种做法。

哺鸡脊砌筑顺序较龙吻脊要略简单一些，首先在做好的老瓦头上盖上攀脊瓦，一般攀脊合两皮蝴蝶瓦，用灰浆铺设，合瓦时上下两皮瓦的接缝要错开，合瓦前两边架好水平线，攀脊面与设置的水平线做平。在做平的攀脊面上砌滚筒，用青砖及灰浆砌筑，砌至与筒瓦内口高度相同时，先在砌好的青砖两侧上糊上糙灰浆使屋脊稳固，再在筒瓦上口两侧糊上灰浆，把筒瓦扣贴在已糊灰浆的砖砲体两侧面上，把筒瓦的高低调整成水平状。滚筒面用瓦条（或望砖）砌筑一路线脚，上部砲筑束塞，束塞上面砌二路瓦条（或望砖），中间为交子缝，坐盘砖高度为所处位置的瓦条上部，外侧略向上抬高，坐盘砖外挑口与老瓦头勒脚外口成垂直状，所用材料一般为方砖或硬木。坐盘砖以上哺鸡座用青砖砌筑，脊头鸡的嘴尖与座盘砖外挑口对齐，哺鸡背上设置铁件造型，外挑长度与哺鸡嘴尖平直，绕麻丝同样做粉刷，上做一路瓦条（或望砖），瓦条上用小青瓦、竹节瓦垂直排列，竹节瓦与瓦之间连接密实，不松动，上面用纸筋灰粉盖头灰作装饰。

哺鸡脊砌筑完成，做屋脊粉刷，先粉攀脊表面及侧面，在攀脊面放好直尺加上粉刷厚度，直尺上线粉上纸筋灰浆，两侧面每个瓦档均在粉纸筋灰与上部垂直，滚筒表面粉上纸筋灰后呈筒瓦形状，待其表面无水分后用定做的半圆弧形搓模搓拉，成型后表面光滑，整个滚筒形状圆弧同粉刷前，瓦条粉刷前把直尺口放上线（放上粉刷厚度），用纸筋灰粉制瓦条及交子缝，表面无水分后用特制搓模搓出交子缝道，瓦条与瓦条间呈平行状，滚筒两头外挑部分要粉出螳螂肚形（螳螂肚是一种地方称呼的造型）。坐盘砖内侧头上要做回纹，这样既可收头，又起到装饰的作用，鸡面还应堆塑鸡面牡丹花连通嘴口，如图4-16、图4-17。

图 4-16　哺鸡脊

图 4-17　哺鸡脊示意图

4.2.3　哺龙脊

哺龙脊与哺鸡脊基本相同，脊头哺龙也有烧制品和用泥灰纸筋堆塑制作方法。

哺龙脊砌筑前在老瓦头上同样盖上攀脊瓦（根据房屋要求也可做穿脊过水设花筒式样），也可做同哺鸡脊同样的滚筒、瓦条、交子缝、束塞。砌筑方法与哺鸡脊相似，坐盘砖高度与所处瓦条（或望砖）上部束塞拉通，坐盘砖一般用方砖或硬木做成，外挑口与攀脊老瓦头做齐，坐盘砖以上哺龙座用青砖加灰浆砌筑，哺龙脊头最出的点与坐盘砖外挑口成垂直线，脊两边坐盘砖平面留出哺龙头长度后等分，如采用暗亮花筒，分别按顺序两头砌筑成方形式或斜形式两种，暗花筒两头部位用青砖加灰浆砌筑，亮花筒部位的砌筑应先用望砖镶边，预先设置好亮花筒瓦的长度，刷白水二度，架设的亮花筒孔大小要做到一致，上下筒瓦中心点对直，排列匀称，亮花筒砌好后，镶边砌在平整的瓦条上，上砌一路瓦条（或望砖）一路交子缝，再砌一路瓦条（或望砖），顶面瓦条（或望砖）上糊上灰浆，脊中拉通长的水平线，盖筒瓦合在灰浆上，高低及出进均做上线，用花筒瓦主要使屋脊能穿风不受阻挡。

哺龙脊瓦条（或望砖）路数可根据所建建筑物体量的大小酌情增减，一般做于普通官府屋脊，粉刷先从攀脊做起（穿脊过水先粉好滚筒的表面），攀脊上口要平直，两侧要粉到瓦档底口，粉滚筒时上皮瓦条（或望砖）先粉好与下攀脊口成平行状，这样滚筒表面粉好后，整个表面大小相同，交子缝、束塞粉刷与哺鸡脊做法相同。暗花筒部位先粉外框，粉好后成长方形。亮花筒先粉镶边部位，再粉上部瓦条（或望砖）、束塞，最后粉刷盖筒瓦表面，粉刷光面纸筋灰同样掺入黑水一起拌合（图4-18、图4-19）。

图4-18 哺龙脊

图4-19 哺龙脊示意图

4.2.4 纹头脊

在江南古建筑中，厅堂用脊式样众多，特别是屋脊头中的纹头，有回纹式、立纹式、洋叶式、留空软景式、砖细式等多种做

124

法，如图 4-20、图 4-21。

图 4-20　纹头脊　　　　　图 4-21　纹头脊示意图

在合攀脊上砌瓦条（或望砖）一皮，一路交子缝，上面做一路瓦条（或望砖），在砌筑时脊两头各向内缩进一楞半瓦距离，在砌第一路瓦条（或望砖）时，在缩进位置的头上砌筑螳螂肚，螳螂肚上部与瓦条连通，在砌瓦条时脊的两头（纹头脊段）要略带一点起势，使装饰立面感觉有一定美观视觉。这样纹头安装上去不会有向下垂的效果。在砌好的瓦条（或望砖）上安装上预先做好的回纹纹头（有的纹头也可直接在屋面上进行砌筑），纹头安装时外侧头应与老瓦头成一直线。用砌筑瓦条（或望砖）在瓦条上面排列竹节瓦，在排瓦时先在底部抹上纸筋灰，再筑竹节瓦。也可两边同时进行，到脊中会合，中间做龙腰，竹节瓦的规格大小要一致，排列整齐垂直，竹节瓦全部安装上水平线，上面用纸筋灰浆粉平，两侧面用纸筋灰粉成出线，宽度同竹节瓦底瓦条（或望砖加粉刷层后）的厚度。由于各种厅堂房屋的使用功能均不一样，有的厅堂屋脊可做滚筒脊，这样整个屋脊高度就向上抬高了，整体效果更好。也可不做以减轻屋脊重量，应根据屋架承载力来确定屋脊做法。

屋脊粉刷时按顺序先用纸筋灰粉攀脊部位，粉好后攀脊表面要平整，侧面无凹凸不平现象，纹头底螳螂肚粉刷注重线条部位的流畅及两边对称，攀脊以上瓦条（或望砖）（有滚筒的先粉滚筒部位），粉刷后做到粗细一致，交子缝距离大小相同，线条走势和顺、自然。

4.2.5 赶宕脊

赶宕脊一般为大殿、古塔、楼层式建筑物等用脊。所处位置在歇山排山以下及两重檐下层屋面上部。塔、多层式亭、楼厅等都有赶宕脊。

赶宕脊砌筑高度可根据戗角高度和窗台等控制因素而确定。赶宕脊应根据所建建筑物的要求，做成亮花筒或暗花筒，也可做成竹节瓦的形式，如图 4-22、图 4-23。

图 4-22　赶宕脊、戗角示意图

图 4-23　苏州玄妙观三清殿

前后包檐赶宕脊砌筑时应与戗角同步进行，使瓦条兜通，在两边戗脊（角上）拉上水平线，定好位后在上面用青砖砌筑，高度砌至同滚筒瓦内口尺寸时，在砌好的砖上（外侧面）粉上灰浆，并在筒瓦内档糊上灰浆贴在已砌好的砖表面，形成滚筒形状。每楞底瓦与砌体底部形成空当，俗名"穿滴过水"。如前包檐赶宕脊上部要安装字碑的话，赶宕脊还应做成八字形向上凸出，留设字碑位置，如"苏州三清殿"就是这种做法。滚筒上砌筑瓦条（或望砖）一皮，再砌一路交子缝，上砌一路瓦条（或望砖），在砌好的瓦条（或望砖）上分出暗亮花筒的长度尺寸（有的赶宕脊不做暗亮花筒），暗花筒部位用青砖加灰浆砌筑，高度一般在 16～20cm，但要与戗角跟通，正间中间应是暗花筒，所有屋面中间都应是盖瓦在中（俗称雄楞）。亮花筒相连接处用一路瓦条（或望砖）垂直与上下瓦条（或望砖）相交，亮花筒砌筑时在预先分好的框内排好筒瓦挡距，筒瓦安装上去前先在下面刷白水二度，暗亮花筒全部安装就位后在上面架设一路瓦条（或望砖），上下瓦条（或望砖）间距大小一致成平行状。在顶部瓦条（或望砖）上糊上灰浆（宽度同 盖筒瓦），在盖筒内侧糊上灰浆后盖在瓦条（或望砖）面上，所有赶宕脊上面盖筒瓦都应向屋面方向倾斜，以防水向内流入，粉刷也要注意有一定斜面。高低出进做上线，盖上盖筒时 两边泛出的灰浆要清理干净。这样前后面檐的赶宕脊的毛坯就砌筑完成。

大殿两侧歇山处赶宕脊砌筑要比前后包檐赶宕脊砌筑复杂得多，砌筑可与戗角同步进行。先在做好的瓦楞上放线，歇山赶宕脊的位置一般两头设在排山滴水瓦以外，然后在两金柱（桁）位置向上内侧做 45°角度伸入雨淋板内，成向上凸出的八字赶宕脊，上下两脊相距成比例，两头相连接戗根，这样砌好后成 A字形状。在砌好的赶宕脊上同样分出暗亮花筒段，其他建筑的赶宕脊可不做暗亮花筒八字形，在砲筑时按顺序先砌合背再砌筑滚筒，直接砌在盖筒上，砌筑时大殿必须做穿脊过水式，这样排山上滴下的雨水可从穿脊过水孔向下自然流出。滚筒上部跟通戗角砌筑暗亮花筒，再砌一路瓦条（或望砖），一路交子缝，再砌一路瓦条（或望砖），暗亮花筒砌筑成型后，顶面盖设一路筒瓦，高低尺寸做上水平线。

赶宕脊表面粉刷时先做滚筒面层，用纸筋灰直接粉在滚筒段，根据滚筒的弧形用曲柄搓模搓制成型，粉刷后穿脊过水出水口要清理干净，瓦条上用木制直尺放好一定厚度的粉 头后用纸筋灰粉面，二瓦条（或望砖）间交子缝用定制搓模搓出条状缝道，暗花筒部位用纸筋灰粉面，待表面水分基本干后可做泥塑工艺，上表面盖筒粉面先粉好一遍底糙，再在 上面光一层纸筋灰，纸筋灰同样掺入黑水拌合，用搓模搓制成型，表面顶点高度应在一条线上。表面自然干燥后，刷黑水二度。

4.2.6 一般屋脊

在江南古建筑中，一般屋脊指甘蔗段脊、雌毛脊、游脊、黄瓜环瓦脊等，它们常用于一般普通民宅屏风墙和平房上，以及私家园林中。

（1）甘蔗段屋脊

甘蔗段屋脊常用于一般平房上及屏风墙上，缩进半楞盖瓦，在砌好的攀脊上两头架好水平线，然后砌一皮瓦条（或望砖），在砌好的瓦条（或望砖）上用青砖或小青瓦叠砌，凹面朝下，高度砌到与一张竹节瓦同高，盖头灰规格相同，甘蔗段两头合背瓦设花边瓦各一张，在粉刷后应突出于边楞飞砖口5～7cm，竹节瓦铺筑排列时在攀脊面砌好的瓦条（或望砖）上铺一层薄纸筋灰，这样铺设竹节瓦时高低可以筑平，竹节瓦铺筑可从屋脊两头同步向中间进行，到脊中汇合成龙腰，瓦出进成一线。同时在竹节瓦上表面铺设纸筋灰（俗称 盖头灰）。盖头灰两侧线条宽与下部瓦条（或望砖）基本相等 甘蔗段先用纸筋灰粉面，正反两面及外侧面合角应粉直，在粉好的纸筋灰面上粉出回纹或洋叶。整个屋脊自然干燥后 同样刷黑水两度。如图4-24、图4-25。

图4-24 甘蔗段屋脊示意图

图4-25 甘蔗段屋脊

（2）雌毛脊

俗称"翘头脊"，主要用于一般的江南农村民宅平房之上。在先做好的老瓦头上砌合攀脊瓦，共砌二皮，上下皮瓦接缝错开，在攀脊瓦上划出雌毛脊起翘点位置，一般缩进二楞半瓦，准备好一根弯木扁担（硬木条），硬木扁担应生根在合背根部，其长度一般按外挑长加内伸所需长度设定，做成合理弯势头，另也可用扁铁制作。在铁扁担（硬木条）安装之前，先在铁扁担的支座部位做成螳螂肚，跟通交子缝下面合背，按起翘弧势砌筑成型，糊上纸筋灰。把设置成型的铁扁担（硬木条）安装就位，铁扁担（硬木条）外挑头不超过山墙老瓦头。在安装好的铁扁担（或硬木条）起翘段底部先垫上小青瓦或青砖的支座。支座一定要坚固，便于按顺序做竹节瓦。在铁扁担（或硬木条）戗背下部通长贴砌一条瓦条跟通交子缝上瓦条，再分出屋脊中心点，居中设龙腰向两边竹节瓦排列到起翘点位置时，所做竹节瓦向脊头方向做收势状，收到脊头成相交尖点状形式，整个屋脊上竹节瓦排列结束后，走势匀称，线条流畅。两边老瓦头上设水平点后拉好通长水平线，在中间龙腰段做一定起伏，俗称涨龙腰，这是雌毛脊同其他脊不同的一点做法。先做雌毛脊外挑段底的攀脊粉刷，瓦档两边用纸筋灰粉成垂直状，合攀脊表面粉上水平面高度，在两边起翘点粉出螳螂肚，整个瓦档内纸筋灰粉面做好后，用搓模在两起翘点段 搓出交子缝或用三角直尺操作，两起翘点到顶点段用纸筋灰粉出线条与中间段接通。竹节瓦表面用纸筋灰粉盖头灰。屋脊脊头应做出鹰嘴式尖嘴作装饰，至粉刷全部结束，表面自然干燥后刷黑水二度，如图 4-26。

（3）游脊

游脊为屋脊中的一种普通形式，一般用于普通民宅屋面面积较小的地方，操作比较简单，在做好的瓦头上合上二皮瓦（攀脊），在两边山墙老瓦头上设水平点，同样拉通长水平线，合攀脊面做上

图 4-26　园林里的水戗发戗

水平面，成型后在两侧瓦档内粉上纸筋灰，在粉刷攀脊面层时用木制直尺放上粉头厚度粉刷成直线，中间略带一点拱势，使屋脊有一定美观，攀脊面纸筋灰要紧光，防止雨水渗漏。攀脊面小青瓦铺设时底部均匀糊一层纸筋灰固定瓦件，铺两边脊头第一张瓦时用碎瓦片砌二瓦条厚底座，所盖瓦大头向上盖在砌好的底座上，小头直接落在攀脊瓦面，放一定倾斜度，第二张瓦盖上去时要盖到整个瓦长的 2/3 左右，一般第二张瓦缩下 4～6cm，然后以此类推，两边向脊中方向延伸到脊中相交成倒八字形状，在倒八字中用瓦片砌到所盖瓦顶面高度。在所砌瓦片底座各部位及脊中倒八字处满粉上纸筋灰浆，游脊上面不用盖头灰，不同于其他筑脊。表面自然干燥后满涂黑水二度（图 4-27）。

图 4-27　游脊

（4）黄瓜环瓦脊

黄瓜环瓦脊一般用于四面厅水榭、长廊、轩，也可用于歇山式长方亭子、扇面亭等屋面上，有底瓦与盖瓦组成套，因其形状似黄瓜有一定弯曲而得名。常用黄瓜环瓦底瓦规格为 34cm × 18cm，盖瓦为 34cm×18cm。

在做瓦头时两边空出一定长度（同黄瓜环瓦长度），且脊两边底瓦高低应一致。并在铺设时两边均要设置水平线，待屋脊头全部做好后，在整条屋脊当中糊上灰浆。黄瓜环底瓦两头座在脊两边小青瓦底瓦上，搭接不少于小青瓦长度的 2/3，黄瓜环底瓦瓦中窝在灰浆上，黄瓜环底瓦与小青瓦底瓦拉通成一线，在安装黄瓜环瓦盖瓦前，用灰浆糊在黄瓜环底瓦相邻的水路内（指瓦档间距），安装底瓦及盖瓦时应拉上水平线，两边泛出的灰浆全部清理干净，黄瓜环瓦盖瓦与小青瓦盖瓦成一线，黄瓜环盖瓦两侧用纸筋灰浆嵌缝，待黄瓜环盖瓦两侧嵌缝自然干燥后刷黑水二度（图 4-28）。

4.2.7 琉璃瓦屋脊安装操作顺序

琉璃瓦作为古建屋面营造中的一种高档材料，一般用于皇家建筑、官府、寺庙等比较庞大的建筑屋面上，北方用得较多。根据营造的要求，屋面所用材料应与屋脊所用材料相同，即屋面用琉璃瓦，则屋脊必须采用琉璃瓦件相配套。

琉璃瓦屋脊式样众多，如大殿用脊、厅堂用脊、一般平房用脊、水榭用脊、

图 4-28　黄瓜环瓦脊

轩屋面用脊、长廊用脊以及长方亭屋脊等均不相同。屋脊的设置应按屋面构造要求及使用功能而定。

琉璃瓦屋脊操作程序与小青瓦不同，小青瓦屋面操作程序是先做脊两边的老瓦头，再砌筑中间屋脊，而琉璃瓦屋面操作程序同筒瓦屋面一样，应先做整个屋面后再按屋脊营造做法进行筑脊，如图 4-29。

（1）大殿屋脊安装顺序。

按设置好的瓦楞（陇）间距排列，分出暗亮花筒的位置尺寸（有的大殿可不做暗亮花筒式样），砌攀脊前在屋脊帮脊木上预埋好定制的经过锻打成型的屋脊旺脊钉。在正脊两侧瓦挡内安装好琉璃瓦当钩，安装时缝道大小应基本相同，两侧瓦挡安装好后上表面要保持水平状态。在南方屋脊居中砖砌（青砖）滚筒座，砌到略低于筒瓦高度时先砌好的两侧砖面上糊上纸筋灰（或灰浆），再在琉璃筒瓦内侧凹

图 4-29　琉璃瓦屋脊

挡内糊上适量纸筋灰（或灰浆）后，贴在砖两侧面上，所安装滚筒瓦下口与当钩上口基本不留空隙或平行权，滚筒瓦安装后出进在一直线上。滚筒瓦上面居中安装定制工字形琉璃线条砖，在工字形线条砖上架设暗亮花筒瓦，暗花筒段采用定制的琉璃脊瓦，其高度可根据屋面面积而定。亮花筒用琉璃瓦预先做到规定长度，安装前先分好距离，架好水平线，暗亮花筒顶面全部做上烧制的琉璃线条，上面通长再设置琉璃瓦线条（工字形），在线条顶面居中通长糊上灰浆成筒瓦状，设置通长铁链条埋入灰浆内，两头嵌入旺脊钉内。上盖琉璃盖筒瓦，两头按顺序分块安装正吻。采用定制尺寸的琉璃瓦件，因琉璃脊不做粉刷，粘结连接靠灰砂浆及制件错缝固定，如不做暗亮花筒的屋脊正吻采用回纹头，安装时要充分考虑到与正脊吊直成一线，上下连接要牢固，前后竖带用铁链连接，盖筒瓦内可安装铁链连接旺脊钉。接缝处大小一致，整个屋脊 全部安装结束，可用与所做琉璃瓦色调一致的颜色灰浆嵌缝（一般不用嵌缝），使整个屋脊颜色一致，整体稳定好。琉璃屋脊也可做成穿脊过水式，以便风的穿通（这种做法是指江南式的琉璃屋脊）。

（2）厅堂、平房屋脊安装顺序。

在已做好的琉璃瓦屋面上先定好正吻位置，在正脊两边设置好水平点并拉好通长水平线，两边可同时安装正脊当钩瓦，两边当钩瓦高低应在同一平面之上，缝道大小排列一致。在正脊回纹头位置先安装工字形线条，表面做成水平状，在工字形线条上安装正脊回纹头或龙吻脊头（屋脊头），待两头高度设置好后，可按从左到右顺序排列正脊，琉璃脊必须从一边排起安装，在正脊每段安装时，可采用内灌灰浆及用锻棒或适当长度的硬木棍穿孔连接，增强屋脊的整体性及抗风性。因琉璃脊很多都是整脊烧制，分段安装。成型后的正脊在一条线上，两头高低一致。屋脊全部安装结束后，用同样琉璃脊颜色的颜料嵌好缝道，小型屋脊操作方便。

（3）水榭、轩、方亭、长廊屋脊一般采用琉璃黄瓜环屋脊。

琉璃黄瓜环瓦是特制瓦件，数量根据尺寸需要预先定制。屋面琉璃瓦铺设后，在整条屋脊当中糊上灰浆（同底瓦长度处预留空档），琉璃黄瓜环底瓦两头坐在脊两边已铺好的琉璃底瓦上，搭接不少于瓦长度的 2/3，黄瓜环底瓦瓦中窝在灰浆上，黄瓜环琉璃底瓦与琉璃底瓦

图 4-30　琉璃瓦铺设的方亭

拉通在一线上，安装黄瓜环琉璃盖瓦前，用灰浆糊在黄瓜环底瓦相邻的水路内，安装琉璃底瓦及盖瓦时应拉上水平线，两边泛出的灰浆全部清理干净，琉璃盖瓦两侧用灰浆可渗入颜料后嵌缝，如图 4-30。

4.3　亭子顶、戗、竖带做法

4.3.1　亭子顶的艺术

亭子作为古建筑中的一种建筑类型，它虽然较一般古建筑体量小，但麻雀虽小五脏俱全，在整个亭子的营造中，亭子顶的做法较讲究，也是景点中的精点，其顶部处理得好坏，可直接影响到整个亭子的整体外观效果，可起到画龙点睛的作用。亭子顶种类较多，如砖砌形式、砖细贴面形式、琉璃瓦形式，式样也比较繁多，如八角景式、六角景式，方形式、葫芦形式、圆形式等，图 4-31 为狮子林湖心亭，图 4-32 为拙政园雪香云蔚亭。

砖细宝顶做法较繁琐，先根据亭子的总体形态平砌顶的式样，一般砌筑用砖都采用土青砖，砌筑前戗根顶部用方砖做底部托盘砖，在安装托盘砖前，在托盘正中间应先开设洞眼，套入预先留置好一定高度的雷公柱（俗称灯芯木），在安装托盘时要考虑到它的四边平整，安放中心，后再行将砌筑相关式样的宝

顶，用灰浆青砖砌筑。砌筑的同时，按宝顶大小尺寸在实地放样，放好样后再选择砌筑安装，色泽一致，无洞眼，选棱角好的方砖，砖细宝顶上的线脚比较多，要分块分皮粘贴，它具有一定的艺术性和欣赏性，所以在制作时线脚的粗细应做到均匀，线条流畅，角与角相交缝隙大小一致，使安装好后与亭子整体浑然一体，如图4-33、图4-34。

图4-31　狮子林湖心亭

图4-32　拙政园雪香云蔚亭

图4-33　葫芦形状
的小青砖宝顶

图4-34　拙政园嘉实亭的砖细方形宝顶

　　混水八角景式、六角景式、方形式（俗称铜柱钉）、葫芦形式、圆形式等宝顶做法较砖细宝顶做法简单，首先根据亭子的式样大小来确定其宝顶的形式及体量。托盘选用方砖制成相形底板，安装结束后采用青砖灰浆进行砌筑，砌筑形状及大小先做好实样，这样做出来后不管在任何方位看上去都比较合理，砌体表面粉刷灰浆，先用底灰粉刷，待底灰表面充分干燥后再做面层粉刷，表面形状与样板相同，线条顺畅匀称，无凹凸现象。面层粉刷完成待水分干后刷黑水二度（牛皮胶经过锤打后的胶泥用温水泡开再加入轻煤粉制成）。琉璃宝顶一般为珠泡形状，所用颜色根据建筑物所需来定，有橘黄、金黄、天蓝色、荷蓝色、棕红等，琉璃宝顶高度、大小由建筑整体而定。选择好宝顶后做安装前的准备工作，木结构安装时灯芯木长度做到琉璃瓦屋脊到顶相交部上不少于 25cm，把烧制好的琉璃宝顶放置上去后整体平整，中间灌入砂浆不松动，安装时要把灯芯木设置在宝顶中央——即亭子中心点上。安装结束后用与琉璃宝顶相同颜色的颜料涂于连接缝上，使安装的琉璃宝顶与亭身琉璃瓦颜色一致，浑然一体，如图 4-35。

图 4-35　亭子宝顶结构示意图

4.3.2　戗角施工技术（分南北区别）

戗角的种类一般可分为老戗发戗、开口戗、洋叶戗、琉璃瓦发戗、江南式戗（即通常称为苏式戗）、平头戗（北方戗）等。

（1）戗角的砌筑（蝴蝶瓦、筒瓦做法）

在做瓦屋面的同时两边沿木戗角中心线，向戗根方向和泥抹灰浆，使之形式向上成弧形的尖角形状，同时在戗中适当部位预埋好几档粗铁丝或旺脊钉（固定上部发戗铁扁担之用），待灰泥达到一定硬度，可在硬结的灰泥浆上划出瓦挡距线，瓦的挡距应等同于屋面老瓦头或瓦口板间距，并以左右各向两边垂直铺设老

135

瓦头，瓦头用灰泥垫在底瓦边，使之固定不走动，在沟底放入灰浆，垫入瓦片，并夹注预先准备的木条或柴龙（木条成人字形，柴龙俗称草龙），再在木条或柴龙上放入灰泥（现代一般不采用柴龙，都用碎瓦片或木条的营造方法施工），再铺设盖瓦（或筒瓦），铺设后要用木制直楞板平直瓦楞，盖瓦面压平，相邻瓦楞坡势均匀，无高低不平现象。

两边老瓦头做好后，沿木戗脊中心（水路部位）瓦挡垫入碎瓦片，糊上纸筋灰或灰浆，高低随戗弧度向上铺设，上覆小青瓦二皮（俗称合攀脊），在攀脊两边糊上纸筋灰浆。在用青砖砌筑戗角之前，在戗前预埋好拐杖钉，拐杖钉钉在蝴蝶瓦中心，起支撑老鼠瓦之用，戗脊头老鼠瓦之上设猫御瓦，由于戗角形状成弧形，在砌筑时要有相当经验的古建匠师执刀，要充分考虑到戗角砌筑时的弧度、垂直度及戗头每个部件的出进，每皮砖高度应严格控制，青砖砌筑高度到滚筒弧度之高时，两边覆上筒瓦，脊头猫御瓦之上设太监瓦，此瓦同猫御瓦、老鼠瓦呈向前挑出之势，滚筒排出前应放入第一块扁铁，俗称铁扁担，长度根据戗高控制，一般第一块比较短。滚筒瓦砌筑时半圆形内放入纸筋灰后覆在两侧已砌好的青砖上，直接砌到与竖带脊相交部位。

在砌好的滚筒顶部向外挑方向的瓦条（称四叙瓦、朝板瓦）上铺设弯形铁扁担，此铁扁担主要起着安装上部勾头筒瓦的作用，铺设前此铁扁担要做成同木戗形状的弧形一致，铺设时根部用预先设置好的方形旺脊钉或简单地用粗铁丝把铁扁担固定牢固。当砌筑戗角时在上面砌第一路瓦条，第二路瓦条所用材料为瓦与望砖，砌筑好交子缝和二路瓦条，同时在戗头太监瓦上皮设四叙瓦（朝板瓦），四叙瓦上皮放置较长铁扁担，此长度要根据不同戗角长度而设定，无一雷同，一般在 1.2～1.4m，还有更长的。此铁扁担锻造较讲究，一般要经过多次锻打成型，有一定硬度才行，现在可用定型铁板实施，上部铁扁担顶部设置的钩头筒瓦，钩子朝下，铁板底下从俄根向戗顶顺势收分，且在最上部一般底面设瓦片以掩盖铁扁担，戗上部应抹灰浆覆盖筒瓦，覆盖筒所用的灰浆水分应适中。盖筒顶点设钩头狮，钩头狮由铁钉固定，后面有坐狮、走狮和其他兽物，一般南方有3～5套，北方有更多只数安装。戗根段瓦条以上设暗亮花筒或实砌体上留置留空图案及花草等，砌筑高度与正脊滚筒线脚成正比，戗兽台设置砌筑靠背，底座用青砖灰浆砌筑上覆砖细方砖，靠背上放置已烧制或泥塑的戗兽，戗台设置在角柱上部位置，与天王台成平行线。俄根处设泥塑吞头，其形状为龙头型。如洋叶戗、开口戗在砌筑时的铁扁担预先做成型，砌筑时把预埋好的铁丝把俄铁扁担固定，然后依次向上发戗做成藤叶向上下卷弯的形态，其开口之处似动物把嘴张开一般，俗名开口式脊，用回纹饰边，如图4-36、图4-37。

图4-36　古建筑的戗角修复工程

图4-37　戗角示意图

（2）戗角的装饰

战角砖砌成型后，可准备其表面的粉面，粉面用材料一般采用泡制几个月的纸筋灰，纸筋灰要有一定的韧性，粉刷先从瓦挡开始，用专用工具，瓦挡小铁板糊纸筋灰，用软弧形尺放在攀脊面上，所糊纸筋灰表面不出软弧形尺上口，按顺序依次粉滚筒，两边可同时进行。滚筒粉刷后上下两线保持平行，大小相等，中间半圆形弧度上下大小一致，无凹凸现象。滚筒以上飞砖粉刷时要用直尺等工具，保证其弧度上下顺势，交子缝部位粉刷时先把纸筋灰粉在上面，待上下线条上全部粉满纸筋灰后，用特制的粉线条的木制粉刷工具（俗称搓模），从上到戗根方位进行平移，经搓模移过之处，瓦条（或望砖）交子缝部位就基本粉刷成型，如有不到的地方，则补上纸筋灰浆后重新用搓模补上一遍，直到弧度成型达到要求。戗脊盖筒表面粉刷时两边留设 3cm 边，与瓦条成型尺寸相同，粉刷后盖筒顶面与瓦条保持相等的弧面，表面粉刷圆面饱满，线条流畅，在戗角粉刷的同时，其外挑部位的老鼠瓦、猫御瓦、太监瓦、四叙瓦等，按规定式样用纸筋灰塑成。戗根处靠背上戗兽、走狮或坐狮采用泥塑工艺装饰，戗根吞头为纸筋堆塑工艺，其形状为龙头式吞头形态，如图 4-38。

图 4-38　戗角的立面和剖面图

（3）琉璃瓦戗脊

琉璃瓦颜色众多，如上面所讲的橘黄、金黄、蓝色、棕红等等，琉璃戗脊水戗型与灰筒混水戗脊有所不同，琉璃戗是烧制成品，式样又不同，还分江南式样发戗和包头式平戗（北方式样）。

江南式琉璃瓦戗一般设在亭子、水榭及特殊建筑的殿、牌楼上，给人的总体感觉是比较灵巧、飘逸、秀气，而北方包头式的琉璃平戗给人的感觉是较庄重、威严。

琉璃瓦戗脊（江南式样）采用烧制成品的分段脊瓦，安装前在木戗角中心两侧铺设琉璃底瓦，铺设前瓦底铺放灰浆，两底瓦间沟槽内先用碎瓦把底瓦垫平，在碎瓦上铺设灰浆，一般底瓦铺设时按戗脊自然弧型设置，同时在脊间预埋铁钉和粗铁丝以固定上部脊瓦连接件。琉璃盖瓦盖上后把每一楞瓦拍平、拍直，使做出的盖瓦弧形与底瓦一致，戗脊两边瓦头做好后，先在戗的外挑部位（合角两勾头筒瓦顶上）盖上老鼠瓦，同时向戗根方向砌筑青砖，高度砌到能贴一张当钩瓦的尺寸，同时用灰浆在戗脊两边把当钩铺贴上去。砌筑表面保持与木戗面的弧形一致。上部戗脊安装时每节戗脊瓦内古代灌满灰浆，现代可采用水泥砂浆，在古代预留空洞中用不易腐烂的木质材料相连接，现代可采用铁件连接，并保持戗脊间弧形相顺，檐口外挑部分的戗脊段在设置所连接的铁件时，要充分考虑到外挑的承载力，连接铁件按外挑受力比例长度设置，确保外挑部分戗脊不折断、不变形，使之起翘自然、和顺。

琉璃瓦戗脊安装就绪，把戗脊上麵口的灰浆清理干净，用与戗脊相同颜色料嵌在戗脊缝隙内，使缝道颜色与脊颜色一致。

北方式戗脊安装除了外挑部位有所不同，其余基本相似，外挑部分的琉璃戗脊头呈方形木戗尖，套上烧制的龙头，起翘度也较小。脊头一般采用包头脊头、回纹头。由于所建建筑的功能不同，有的戗脊头上可设置琉璃烧制的走兽，数量以等级而定，可放三套、五套、七套、最多九套走兽，应逢单设置。这些走兽形象逼真，栩栩如生，可起到装饰及震慑避邪的作用，如图4-39、图4-40。

4.3.3 竖带砌筑法

竖带为与屋面瓦楞平行，且砌筑在瓦楞上面，上部与屋面正脊相连接的带状屋脊，也属戗脊形式中的一种（图4-41）。

图 4-39　戗脊施工工程

图 4-40　故宫太和殿上的脊兽

图 4-41　竖带

竖带的砌筑要求很高，砌筑竖带要在屋面铺设完成后进行。屋面上架好软梯，在软梯上操作，且前后竖带同步砌筑，便于上部铁链拉通。在做屋面时在竖带的下部位置，预先在底部檐桁上伸出约 $\phi6$ 以上的旺脊钉铁件，备砌竖带花篮座处靠背砖之用。竖带砌筑位置设置在排山内侧第一到第二楞瓦当中，对直下面木柱中，砌筑时要在第一到第二楞瓦当中拉好中心线，砌筑按顺序先从下向上排列，先砌花篮座，花篮座一般砌筑高度根据屋面正脊比例确定，跟通正脊滚筒做法，用青砖及望砖砌筑，同时在戗角戗根分叉底座砌成一座正三角形，外口要求垂直与水平口成直角形状。竖带滚筒一般砌筑高度要比正脊相对低一些，因竖带有斜面，用青砖砌到所用筒瓦高度时在砌好的青砖两侧边糊上灰浆，再在滚筒瓦凹挡内糊满灰浆后把筒瓦贴在青砖上，所贴的筒瓦上口与脊座要求高低平行，筒瓦侧面出进一致，表面连接自然，以便于成型后表面粉刷，滚筒瓦砌到上部与正脊相连接处。瓦条砌筑用望砖或瓦条，底用灰浆铺砌，两边飞出，飞出的两边外口同脊座外侧成垂直状，交子缝砖砌筑为望砖、半砖，砌筑位置居中于底部瓦条中，上部瓦条同样采用望砖或瓦条砌筑，砌筑后上口外侧面与底部瓦条垂直，瓦条与交子缝的厚度在粉刷好为 3cm 左右，暗亮束塞的砌筑材料用青砖，一般为高度在 20cm 左右，但要根据正脊确定，宽度为半砖，分段砌筑亮花脊，暗束塞做堆塑装饰。粉刷后成垂直尺寸一般在 20cm，暗亮束塞半砖墙座中在瓦条中，束塞上部瓦条砌筑用望砖，厚度在 3cm 左右，两边外挑，居中砌筑，在砌筑竖带脊的同时，竖带戗角吞头部位和砌筑竖带同步进行，戗角吞头处滚筒砌在竖带分叉部位的平面段，顶头段滚筒与两侧跟通，与两侧连接处做成合角状，砌筑后此段滚筒面与花篮座面成平行状，上部第一路瓦条与内侧瓦条跟通天王台座靠背，交子缝与上皮瓦条部分比下部瓦条适当缩进靠背，天王台靠背应高出竖带 10cm 以上为佳。天王台滚筒上面飞出的浑线三面兜通。以上靠背底座用青砖灰浆砌筑，前边及二侧瓦挡部均适当外出 3cm 边座，底座向上靠成三角形平面，呈较强的立体观。天王台靠背用磨细方砖做成为佳，四边均外挑，台平表面必须平整，不松动，靠背内侧垂直面立于底板上，底板内侧外口与立板内侧外口成垂直状，天王台应砌筑于廊桁上部，与戗台平面成一线。大殿天王台可放四大天王或"广汉"，其他建筑物还可放大象、狮兽、果盆等物，如寿桃、石植、珊瑚、梅花等堆塑工艺品。在靠背立板中部开榫，预留洞眼使所放的物件能固定，用铁丝穿入预留洞眼并与预埋旺脊铁钉扛紧固定，使整个天王台底座和上部靠背与预埋铁件整体连接不向下产生滑动。砖细靠背固定后，再向上部逐步砌筑束塞，以上的瓦条等线脚，已砌好的瓦条上通常居中向上砌一条半砖镶边，备置亮花筒之用，两侧间望砖镶边跟通，在镶边上排列漏空花筒瓦成半圆状或花瓣状等图案，筒瓦在砌筑之前，先用白水内外满刷二度，上口筒瓦片的高低用平线控制，不能有高低不平现象出现，待亮花筒全部架好在其上面砌五寸（半砖）望砖镶边，这样与原已砌好的其余三边兜通，成一个菱形图案。在上部镶边面上砌好瓦条。瓦条顶部居中铺设盖筒瓦，盖筒宽度 15cm，高度不低于 8cm 左右。在瓦条顶铺设盖筒位置铺灰浆成筒瓦状，然后在灰浆内铺上铁链条，铁链条长度自前吞头处预埋铁件内穿入，一直向屋脊方向延伸，然后伸到背面天王台处旺脊钉，使两边连接成一体，确保竖带脊不下滑、走动。铁链条连接好后把盖筒全部盖好，成前后呼应，一座建筑物竖带的砌筑就这样完成。

在粉刷前应把调制好黑色的纸筋灰准备好，竖带脊粉刷按操作顺序先从天王座开始，在砌筑基础上分皮进行粉刷，脊座粉刷成型后，两边高度相同，尺寸一致，滚筒部分的上下瓦条拉线上下平行，这样粉刷出来的滚筒大小一致，立体感强。瓦条粉刷时把纸筋灰糊在瓦条及交子缝内，待表面水分基本干后，用特殊的搓模从下向上搓拉，把凹档的部分补上纸筋灰后重新再搓，要多次粉搓成型，在搓拉时工匠全凭手上技术用力掌握线条的平直。束塞粉刷时把上面一条瓦条上直尺粉刷好后，只要控制束塞表面与瓦条表面的成型尺寸。花筒四周转通的瓦条与镶边砖上粉纸筋，要做到竖向垂直，横（斜）向直线形。花筒瓦接缝点用纸筋灰嵌缝。最上部盖筒表面粉刷时水平尺寸在上部瓦条粉面上控制，表面中心最高点定好位，同正脊合理高低交叉，这样整个竖带上下成型尺寸就成平行线，盖筒表面要根据它的形状粉成半圆形。天王台粉刷时滚筒座做出花纹，要把上面的线条全部粉刷成型。

竖带粉刷全部结束，待表面全部干透后在上面刷黑水，花筒部分一般涂刷白水。以上是整个竖带的操作过程。

琉璃瓦（江南式样）竖带采用烧制定型脊瓦，在两楞瓦中心引好线，排好天王台位置，按安装顺序先安装背座，向上安装到屋脊，然后安装上部连体竖带脊段，天王座与上部同步安装，安装结束用与琉璃瓦同色的颜料进行补缝，与屋面形成整体。

4.3.4 歇山排山砌筑工艺

排山形状呈人字形，其位置处于竖带脊外侧，落水与正脊反方向。随坡与屋面相同。

排山制作用材很多，如底瓦盖瓦采用小青瓦形式，底瓦小青瓦、盖瓦灰色青筒瓦，琉璃瓦排山，但不管采用何种材料，其操作过程基本相同，成型后的功能亦相同。排山砌筑 按操作程序进行。先盖好屋面再做排山，在做竖带脊之前，在歇山处用望砖做飞砖，通常情况下飞砖做二皮，飞砖做好后左右两边对称，高低一致，飞砖的内侧用灰浆糊上与原砖体粘连牢固，表面干燥后在上面排瓦楞，瓦楞排列自上向下，排出的每一楞瓦挡做好标记，便于做瓦楞时不走样，排山底瓦（小青瓦）铺设前先用灰泥垫底，向外倾斜落水，先把滴水瓦安装在做好标记的线上，沿标记线铺上底瓦，底瓦铺设到与上部第一楞边楞瓦底边，即砌竖带脊的外侧瓦楞竖带下，边楞盖瓦盖在排山瓦盖瓦上面，其上口高度不得超过竖带脊边楞盖瓦底口高度。脊中——即排山瓦中心两底瓦上口边相连。高低控制的办法，在底口最后一楞底瓦铺设好，同时滴水瓦头进出也应成一直线，上下各放一张瓦，把线从最低一张定好位的瓦与上部中心点最高一张瓦连接在一起，可把排山瓦头全部在线上形成高低进出一致。按从下向上进行排楞铺设底瓦。瓦铺设上去时要精心挑选，不用有裂缝、洞眼、没有烧透有色差的瓦，底瓦全部铺设好后在瓦挡内垫上碎瓦片及糊上灰泥，确保底瓦不松动。盖瓦前先把滴水瓦安装就位。滴水瓦上下也要引好线。盖瓦盖在已铺好灰泥的瓦楞之上，根据拉好线的斜势进行铺盖，但脊中必须是盖瓦，俗称雄楞，使排山屋面做好后在同一坡势上，形成侧面效果美观，无接搓现象。

排山砌筑完成后，如盖瓦采用筒瓦形式，可做成清水，即盖筒与盖筒连接缝道用纸筋灰嵌缝，如做混水形式，即整个盖筒表面全部用纸筋粉面，粉好成型后须圆弧大小相同，成一直线，待所粉纸筋灰自然干燥后在盖筒及底瓦上满刷黑水二遍，与屋面表面颜色成一致。

排山处飞砖粉刷采用纸筋灰打底，先用木制直尺托在底下一条飞砖的底部，上口出线放上粉头，依直尺口粉面。侧面粉刷完毕。把直尺放在底下飞砖粉好的侧面口上，放好粉头把纸筋灰粉在飞砖底板上，粉刷时直尺与直尺接缝一定要对齐成一直线。在粉上一路飞砖时同底下一路粉的方法一样。两条飞砖粉好后呈平行状，粉好后阴角处无凹凸不平现象。飞砖全部粉好后待表面自然干燥后涂刷黑水。排山底面山尖可用砖砌或出山用雨淋板，内做垫山板的方法操作，但应根据建筑物要求确定。

琉璃瓦排山安装操作顺序与盖筒瓦排山基本相似，不同之处在于排山上底瓦表面与竖带右侧盖瓦间的凹档内设置斜当沟瓦，在铺设排山前，先要把其中心点定位，然后从上面开始向下排，底瓦瓦挡大小同斜当沟，这样当沟四周缝道大小就比较均匀，无破相，然后依此类推排到底下部与屋面相交的三角部位，滴水瓦底瓦底部全部用灰浆窝牢，盖瓦做法和上面所讲盖筒瓦相同。总体应做到滴水瓦、盖筒瓦头在一条出线上，屋面面层随坡和顺自然。

4.3.5 古建筑灰堆塑工艺技术

古建筑灰堆塑是古建工艺技术中最复杂、难度最大，文化内涵比较深刻的一门工艺。一般普通工匠是操作不起来的，一定要有专业的技术水平和对古建筑有深刻了解的工匠才能操作。因它具有传统雕刻的深厚文化底蕴在内，例如木雕、砖雕、石雕的工艺技术。雕刻有多种雕法，雕的技艺又不同。泥灰堆塑也是一种堆叠的雕刻方法，它是向平面上堆纸筋灰，在堆塑前首先要做好骨架并把根部用铁钉连接做好，然后堆塑成所需的图案。雕刻是从平面上雕凿图案，有相应操作方法，有直线雕、花式平面线雕、阳雕、阴雕、浮雕、深雕、透雕等。堆雕也具有与雕刻同样的效果，是泥工中工艺最复杂的装饰艺术。如图4-42。

因为灰泥堆塑要有相当绘画基础，对古建筑传统文化有一定实践经验，什么地方堆塑什么图案，不可乱堆，因古建筑堆塑的地方太多，如龙吻脊、鱼龙脊、哺龙脊、哺鸡脊、回纹脊（俗称纹头脊、手抢脊）、洋叶纹脊、甘蔗段脊、赶宕脊、

图4-42　工匠们在集体制作堆灰塑

山墙山尖、竖带、暗缩室内外侧、戗角吞头、戗根部、天王台、门垛头、混水门楼、上下枋兜肚、牌楼屋脊、特殊工艺漏窗、亭子顶、山墙山尖等等。不同地方都有不同的工艺要求和传统花式图案，都有江南古建筑的传统规范。堆塑使古代文人墨客的绘画文化内涵，在古代工匠的精心操作下，应用到了古建筑中，真是笔墨雅秀，梅鹊争春，视野开阔，集思广益，以古代工匠的独具匠心，用潜移默化的操作方法，构筑精美图案，来装点古建各个部位的堆塑工艺，如图4-43～图4-46。

堆塑是古建筑中一门独特工艺技术，不但蕴藏着精美堆塑立体技艺，还应使情景平易自然，因古建筑中有四种吉祥动物"龙、凤、麒麟、鼍"（俗称三脚蛤蟆，刘海脚底踩踏的一种民间动物）。在自然界是不存在的，实际上是中华民族的一种图腾，但在工匠们的手中做得活龙活现较不容易。堆塑的工艺内容众多，都带有吉祥称呼，如"龙"就有双龙戏珠，九龙动态，团龙等，"凤"则有丹凤朝阳、凤穿牡丹，"麒麟"有麒麟送子、门磴麒麟，"喜鹊"有喜上眉梢、喜鹊登梅、欢天喜地，"荷花"有白鹭荷花、莲花怒放，"钱"有刘海散金钱、蝙蝠吊金钱，"吉祥动物"有双狮抢球、松鹤延年、柏鹿同春、五福捧寿、鲤鱼跳龙

门，"果"有桃寿桃、仙桃之称，石榴称子孙满堂，"万年青"有万年常春之意，"珊瑚"是珍希贡物，"佛手"是珍贵药材，"花"有牡丹、山茶、芙蓉、荷花等都象征富贵，"如意"有方块如意、圆形如意等，"人物"有八仙、福禄寿三星、一团和气、和合二仙及其他人物，植物有藤叶草花、洋叶藤茎等。在古建筑园林宅第等每个部位发挥了一定的装饰作用，这些都是江南古建筑工匠的独具匠心，独有的工艺技术，堆塑工艺清新秀丽，精美无比，是其他地方不多见的高超技艺。

图 4-43　刘海戏金蟾堆灰塑

图 4-44　松鼠葡萄堆灰塑

图 4-45　仙姑童子堆灰塑

图 4-46　和合二仙堆灰塑

复习思考题

1. 填空题

（1）糙望即不做边，不（光面），不（刷浆）、（披线）就可

146

以直接铺盖望砖，此种形式的望砖一般铺设在仰视看不见的地方：即底部另增轩界，如（走廊）、（回廊界）、（棋盘顶）装饰、檐口出檐橼上飞橼底段及不需要装饰的飞橼上段。

（2）披线望砖即表面经过一般（补浆），无明显高低不平，仰视能看到（望砖）底面，具有一定的装饰效果。

（3）望砖的铺设一般先铺底层（轩界），铺好后，在轩界望上部抹上纸筋灰粘结。因轩界不做屋面，望砖无压力，需靠纸筋灰粘结望砖，使望砖不易碰动。做好轩界再铺上层（草界），在铺上层时，先铺设（头界），后铺设（廊界）和（花界），按此顺序铺排是为了能先做（屋脊）。

（4）江南古建筑中的砖瓦材料分（南窑）和（北窑），浙江嘉兴、嘉善一带烧制的砖瓦材料称为（南窑货），苏州北陆慕御窑、太平，苏州东唯亭、车坊、昆山、大东烧制的砖瓦材料称为（北窑货）。在选购砖瓦材料时，要严格把关，在同一规格需一致，不用有裂缝、沙眼、缺角、色差等的货品。

（5）筒瓦屋面根据营造要求可分（清水）和（混水）两种做法。

（6）各种屋面的小青瓦铺设操作大同小异，最关键的就是各种屋面坡度，俗称（提栈）要处理好。大殿、宝塔顶部屋面和亭子屋面的坡度（较陡），轩、平房、长廊、厅堂、榭等的坡度相对要（平缓）一些，因此在小青瓦屋面铺设中特别要考虑到它的铺设牢固度，防止屋面上小青瓦向下滑移。

（7）江南古建筑小青瓦屋面檐口上带装饰性图案，滴水瓦上一般设（蝠寿）、（龙凤）等图案，花沿俗称"花瓦头"设（双钱）、（波纹）等不同年代不同形式图案。

（8）琉璃瓦规格南方称（号），北方称（样），共有1～5号五个品种。

（9）每楞底瓦与砌体底部形成空档，俗名（穿滴过水）。

（10）在江南古建筑中，厅堂用脊式样众多，特别是屋脊头中的纹头，有（回纹式）、（立纹式）、（洋叶式）、（留空软景式）、

（砖细式）等多种做法。

（11）在江南古建筑中，一般屋脊指（甘蔗段脊）、（雌毛脊）、（游脊）、（黄瓜环瓦脊）等，它们常用于一般普通民宅屏风墙和平房上，以及私家园林中。

（12）亭子作为古建筑中的一种建筑类型，它虽然较一般古建筑体量小，但麻雀虽小五脏俱全，在整个亭子的营造中，亭子顶的做法较讲究，也是景点中的精点，其顶部处理得好坏，可直接影响到整个亭子的整体外观效果，可起到画龙点睛的作用。亭子顶种类较多，如（砖砌形式）、（砖细贴面形式）、（琉璃瓦形式），式样也比较繁多，如（八角景式）、（六角景式）、（方形式）、（葫芦形式）、圆形式等等。

（13）砖细宝顶做法较繁琐，先根据亭子的总体形态平砌顶的式样，一般砌筑用砖都采用（土青砖）砌筑前戗根顶部用方砖做底部（托盘砖），在安装托盘砖前，在托盘正中间应先开设洞眼，套入预先留置好一定高度的雷公柱，俗称（灯芯木），在安装托盘时要考虑到它的四边平整，安放中心，后再行将砌筑相关式样的宝顶，用（灰浆青砖）砌筑。

（14）泥灰堆塑也是一种堆叠的雕刻方法，它是向平面上堆（纸筋灰），在堆塑前首先要做好（骨架）并把根部用铁钉连接做好，然后堆塑成所需的（图案）。雕刻是从平面上雕凿图案，有相应操作方法，有（直线雕）、（花式平面线雕）、（阳雕）、（阴雕）、（浮雕）、（深雕）、（透雕）等。堆雕也具有与雕刻同样的效果，是泥工中工艺最复杂的装饰艺术。

（15）古建筑堆塑的地方很多，如（龙吻脊）、（鱼龙脊）、（哺龙脊）、（哺鸡脊）、（回纹脊）、（洋叶纹脊）、（甘蔗段脊）、（赶宕脊）、（山墙山尖）、（竖带）、（暗缩室内外侧）、（戗角吞头）、（戗根部）、（天王台）、（门垛头）、（混水门楼）、（上下枋兜肚）、（牌楼屋脊）、（特殊工艺漏窗）、（亭子顶）、（山墙山尖）等。不同地方都有不同的工艺要求和传统花式图案，都有江南古建筑的传统规范。

2. 看图题

（1）根据图 4-47 中所示，写出数字中屋脊的名称。

图 4-47　第（1）题图

答：1—甘蔗段脊；2—雌毛脊；3—纹头脊；4—哺鸡脊；5—龙吻脊。

（2）根据图 4-48 中所示，写出数字中构件的名称。

图 4-48　第（2）题图

答：1—瓦条；2—滚筒；3—老鼠瓦；4—太监瓦；5—勾头瓦。

（3）根据图 4-49 中所示，写出数字中屋面的名称。

图 4-49　第（3）题图

答：1—歇山式屋面；2—悬山式屋面；3—硬山式屋面；4—攒尖顶屋面。

3. 计算题

（1）已知一截面为 200mm×300mm，高为 2800mm 钢筋混凝土柱上承受 300kN 压力，已知钢筋混凝土柱的密度为 24kN/m^2，求柱中最大压应力？

解：钢筋混凝土柱重为：$2.4×(0.3×0.2×2.8)=2.4×0.168=0.4032kN$

最大压应力：$S_{max}=(30+0.4032)/(0.2×0.3)=30.4032/0.06=506.72kN/m^2=5.07N/mm^2$

答：柱中最大压应力为 $5.07N/mm^2$

（2）某建筑物一层层高 3m，长 15m，宽 6m（24 墙），有四个 1.5m×1.5m 的窗和两个 1m×2m 的门，计算应用红机砖多少？用砂浆多少？（每立方米砌体使用 0.26m^3 砂浆）

解：建筑物墙体体积：$(15+6)×2×3×0.24=30.24m^3$

门窗体积：$(1.5×1.5×4+1×2×2)×0.24=3.12m^3$

砖墙实际体积：$30.24-3.12=27.12m^3$

需用红砖：$27.12×512=13886$ 块

需用砂浆：$27.12×0.26=7.05m^3$

答：红机砖 13886 块，砂浆 7.05m^3。

5 瓦工（水作技艺）图释

教学目标：

本章节通过一系列古建筑的实景图片和部分手绘线稿，介绍了古建筑的单体平面，台基和墙垣、屋面以及墙面粉饰的多种装饰线条，使读者能全面直观地了解有关古建筑瓦工技艺的内容及香山帮水作技艺的各种专用名词。

5.1 平　　面

传统建筑通常是由多个单体建筑组合成的建筑组群，多数单体建筑的平面都为简单的矩形，只有少数的建筑，如佛塔、亭构等会采用多边形平面。但由数座、十数座乃至数十座单体建筑经过组合，就形成了能满足不同要求的、变化多端的各类建筑。

面阔与进深（图 5-1）

间：四柱围合称作"一间"；房屋宽、深相乘之面积，为建筑计算数量之单位。

宽：指建筑的通面阔，即房屋之长边。

深：指建筑的通进深，即房屋之短边。

面阔：建筑正面的宽度。亦名开间。

开间：房屋之宽，即"面阔"。

进深：房屋的前后距离。

界：两桁条之间的水平投影距离。为计算进深之单位。即北方所谓"步"。

正间：房屋正中之一间。北方称"明间"。

次间：房屋正间两旁之间。

图 5-1　面阔与进深

一科印：天井旁塞口墙，如前、后、左，右相平者的称谓。

天井：前后两幢单体建筑间之空地。

天井示意图如图 5-2～图 5-7。

图 5-2　周围都设有窗户的天井

图 5-3　天井中的正厅

图 5-4 三面围墙的天井

图 5-5 天井中的厢楼

图 5-6 边落较开阔的天井

图 5-7 天井旁的走廊

图 5-8 为苏州忠王府平面图。

正落：位于建筑组群中轴线上的房屋。

边落：建筑组群的次轴线。

左腮右肩：即三间两厢房，去其正间，次边间阔一丈二尺，除厢房八尺，所余四尺之处，名为"腮肩"（图 5-9）。

拉脚平房：正房后附属之平房（图 5-10）。

（**备弄：**）亦称"更道"或"过道"，即建筑内部联系前后的次要交通道。通常被置于中路建筑和边路建筑之间，也具有防止火灾时左右建筑延烧的作用（图 5-11）。

巷弄：狭小的街道，类似于北方的"胡同"（图 5-12）。

厢房：正房前后，左右相对的建筑，简称厢（图 5-13）。

图中标注：

大厅

大厅

大厅

门厅

东 边落(西路)

边落(东路)

北 正落 街

北

0 5 10 20 30m

图 5-8 苏州忠王府平面图

图 5-9 左腮右肩

图 5-10 拉脚平房

图 5-11 备弄

图 5-12　巷弄

图 5-13　前堂与厢房

厢楼：堂楼之前，与之垂直，左右相对的楼房（图 5-14）。

走马廊：前后堂楼间在楼层可以前后兜通的通道。厢楼进深较大时可将其中的一部分作为走马廊，进深不大时则直接利用厢楼用于通行（图 5-15）。

图 5-14　堂楼与厢楼

图 5-15　走马楼

余侧：余地、侧地，不能横平竖直成方形的用地。

5.2 阶　　台

"阶台"是苏州地区对台基的俗称。

我国的传统建筑通常都有一个宽大的台基，其上承载着屋身和屋顶。从立面造型上看，由石材包砌的台基平直敦厚，安装着隔扇、栏杆和挂落的屋身空灵精巧，而屋顶则布满了大小各种曲线，于是彼此间形成了强烈的对比。简洁稳重的台基犹如一个基座，衬托着屋身的玲珑剔透以及屋顶的轻盈柔和，使每一部分的特征都得到了充分的显现。因此在我国古代人们对台基的形式与尺度比例都十分注意，高等级的建筑其台基尺度较大；低等级的建筑其台基相对较为低矮，从而使整个建筑保持一种恰当的近似于完美的比例关系（图 5-16）。

图 5-16　建筑与阶台的关系

当然台基还有其实际的功能，这就是作为建筑的基础。台基除地上部分外还有一部分埋于地下，建筑上部的所有荷载通过墙、柱以及延伸到台基之中的礤石和绞脚石传至地下。而台基的内部又用碎砖石、石灰按一定的比例拌匀，逐层铺垫夯实，形成了一个整体性很强的庞大的块状基础，从而能很好地抵御不均匀沉降的发生。另外高于室外地坪的台基可以防止雨水进入室内，而层层夯实的地层又能有效地阻止地下水的上升，因而保证了室内能有一个比较干燥的环境。

阶台：即"台基"，是以砖、石砌成的平台，上立建筑物（图 5-17）。

图 5-17　阶台的构造

金刚座：露台外缘作凹、凸形装饰线脚，也称"须弥座"，是一种高等级的台基。（图 5-18、图 5-19）

图 5-18　金刚座（须弥座）立面图

露台：庙宇等殿庭建筑之前的矩形平台，较台阶低一级台阶。园林厅堂前也常常设置露台，以作那两赏景之用。也有称作"平台"（图 5-20、图 5-21）。

图 5-19　金刚座实例

图 5-20　小殿前的露台　　　　　图 5-21　正殿前的露台

开脚：建造房屋基础时的掘土工作。

拥脚土：用作填实基础坑槽的泥土。

领夯石：基础最下层铺三角石．以木夯夯实，谓之领夯石。

坝桩：筑坝用的木桩（图 5-22）。

盖桩石：砌于驳岸石桩或木桩上第一皮石料。

驳岸：沿河叠石砌筑，中填塘石、泥土以为河岸（图 5-23）。

挑筋石：挑出于驳岸之外的石条，作河埠或其他之用（图 5-24）。

图 5-22　坝桩　　　　图 5-23　驳岸　　　　图 5-24　挑筋石

一领一叠石：基础形式，于领夯石上叠石一皮。二皮者称一领二叠石。

　　阶沿：厅堂或平房沿阶台（台基）四周顶端包砌的条石。也称"阶条石"、"阶沿石"（图 5-25～图 5-28）。

　　踏步：上下厅堂或平房的台阶，亦名踏垛，即今天通称的台阶。通常不用菱角石（垂带），有时与建筑面阔同宽（图 5-29）。

　　台口石：殿庭建筑阶台（台基）口所包砌之石。在须弥座中即为"上枋"或"地栿"（图 5-30）。

　　拖泥：金刚座（须弥座）下部与地面相接的枋子，也称"下枋"（图 5-31、图 5-32）。

　　荷花瓣：露台金刚座（须弥座）上圆形线脚，似北方所谓"上枭"和"下枭"，讲究的会刻上荷花瓣装饰的，与北方所说的"仰莲"、"覆莲"近似（图 5-31）。

阶沿石　副阶沿

图 5-25　阶沿石与副阶沿（正间）　　图 5-26　阶沿石与地坪窗（次间）

图 5-27　天井转角处阶沿石的处理　　图 5-28　露台的阶沿石

图 5-29　阶沿与踏步　　　　　　　图 5-30　台口石

荷花瓣(仰莲)
缩腰
荷花瓣(覆莲)
拖泥

图 5-31　露台金刚座构件名称　　　图 5-32　拖泥上安栏板的榫槽

缩腰：金刚座（须弥座）中部，上下荷花瓣间的平面部分（图 5-31）。

副阶沿石：主要指两侧安菱角石（垂带）的台阶（图 5-33、图 5-34）。

图 5-33　大殿的副沿台阶　　　　　图 5-34　副沿台阶细部

御路：殿庭露台之前，踏步中央，不作阶级状台阶，而雕以龙凤等花纹的部分（图 5-35、图 5-36）。

礓磋：上下阶台所使用的坡道。其斜面用砖露棱侧砌，或将石料凿成锯齿形（图 5-37）。

土衬石：基础出土处，四周所砌之石。

侧塘石：阶台及驳岸外侧，侧砌的条石（塘石）。北方称"陡板"（图 5-38）。

月台：楼上作露天平台，称"月台"。

垂带石：殿庭建筑台阶踏步两旁斜置的条石。

图 5-35　御路踏步示意图

图 5-36　御路踏步

图 5-37　礓磋

阶沿石
侧塘石
土衬石

图 5-38　侧塘石

菱角石：殿庭建筑台阶踏步两旁，填于垂带石下部的三角石料，似北方所谓象眼。在厅堂建筑中台阶踏步两旁，因阶台不高，垂带和菱角石合二为一，仅用一三角形块石，亦称"菱角石"（图 5-39～图 5-43）。

垂带石
象眼石
（菱角石）

图 5-39　殿庭建筑中的垂带石和菱角石

图 5-40　踏步两侧的菱角石

图 5-41　菱角石外侧　　　　图 5-42　菱角石内侧　　　　图 5-43　厅堂
　　　　　　　　　　　　　　　　　　　　　　　　　　　　　　　的菱角石

鼓磴：柱脚底与磉石间的石础。主要是指状如铜鼓的柱础。也有将其他形状的，如榼形、复盆形等的柱础统称为鼓磴（图5-44～图5-49）。

石柈：即形柱础。早期也有使用木料制作的（图5-50～图5-52）。

图 5-44　圆柱鼓蹬　　　　　　　　图 5-45　方柱鼓蹬

图 5-46　木鼓蹬（一）　　　　　　图 5-47　木鼓蹬（二）

图 5-48　木鼓蹬（三）　　　　　　图 5-49　木鼓蹬（四）

图 5-50　梬形石础（一）图 5-51　梬形石础（二）图 5-52　梬形石础（三）

礩石： 鼓磴之下的方石，高与阶沿石平。北方称"柱顶石"（图 5-53～图 5-54）。

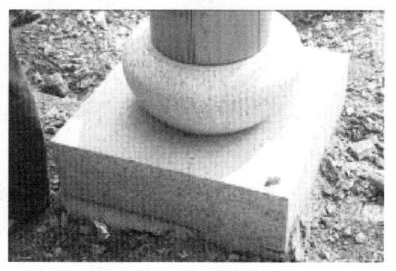

图 5-53　建筑中所见礩石　　　　图 5-54　施工中放置礩石

莩底礩石： 礩石上部隆起如莩莽状，类似于"覆盆柱础"（图 5-55～图 5-57）。

边游礩石： 边贴柱下的礩石（图 5-58）。

柱础： 柱底的基础，包括礩石下的石基。

地坪石： 或称"地坪"。铺于露台、石牌坊地面的石板（图

5-59）。

图5-55 荸底磉石　　　图5-56 荸底磉石　　　图5-57 荸底磉石
直接立柱　　　　　　加木鼓蹬　　　　　　上添鼓蹬

图5-58 边游磉石　　　　　　图5-59 地坪石

花街铺地：以砖、瓦、石片等铺砌地面，构成各式图案（图5-60～图5-68）。

人字铺地：以黄道砖等砖料铺砌的地面（图5-69）。

冰文铺地：用碎石板铺砌的地面（图5-70）。

石板天井：地面用规整条石铺砌的天井（图5-71）。

图5-60 花街铺地（一）　图5-61 花街铺地（二）　图5-62 花街铺地（三）

164

图 5-63　花街
铺地（四）　　　　　　图 5-64　花街
铺地（五）　　　　　　图 5-65　花街
铺地（六）

图 5-66　花街
铺地（七）　　　　　　图 5-67　花街
铺地（八）　　　　　　图 5-68　花街
铺地（九）

图 5-69　人字铺地　　　　图 5-70　冰纹铺地　　　图 5-71　石板天井

方砖地坪：用规整的水磨方砖铺砌的室内地面（图 5-72、图 5-73）。

滚场：滚轧空场。也就是用石磙碾压庭院场地，令其平整、结实。

图 5-72 老宅的
方砖地坪

图 5-73 新宅的
方砖地坪

5.3 墙 垣

墙垣的作用是界分内外、分隔空间和遮挡视线。同时也承担着隔热、保温的功能。南方地区建筑墙体的砌筑主要用砖，也有少量用石或土坯。由于墙体造型、部位以及砌筑方法的不同，就形成了各种专门的名称。

图 5-74 堆放待用的青砖

墙：用砖、石、土坯叠砌的隔断构筑物。

砖：以黏土为主要原料，经泥料处理、成型、干燥和焙烧而成的建筑用小型块材（图 5-74）。

七两砖：砖的一种，重七两，用以筑脊。较小者，有六两砖。

五斤砖：砖的一种。重五斤，用以砌墙。还有行五斤砖和二斤砖等。

半黄砖：砖的一种。用以砌墙，墙门及垛头者。尚有较小者名"小半黄砖"。

黄道砖：砖的一种。用以铺地、砌天井、道路及砌筑单砖墙。

大砖：砖之一种，用以砌墙。

方砖：砖的一种，呈方形，用以铺地、嵌墙。有南窑大方砖及行来大方砖等。

正京砖：方砖之一种。约二尺见方，厚约三寸，用铺砌殿庭地面。

台砖：砖之一种，尺寸甚大，用以做台面，方形。铺于琴桌上的称"琴砖"。

夹砖：砖名，砖胚两块相连，烧成后，可剖为二块。

枳瓤砖：砖之一种，似枳瓤状（带圆弧的梯形），用以砌法圈（券）。

城砖：砖之一种，用以砌墙。尺寸较小的有单城砖及行单城砖。

土墼：类似于土坯砖，比砖坯略厚而狭，性耐火；过去用于筑灶圈堂，乡间砌单壁亦用之。

山墙：建筑物两侧端部之墙。两坡顶建筑的山墙上部呈三角形，似山，故名（图5-75）。

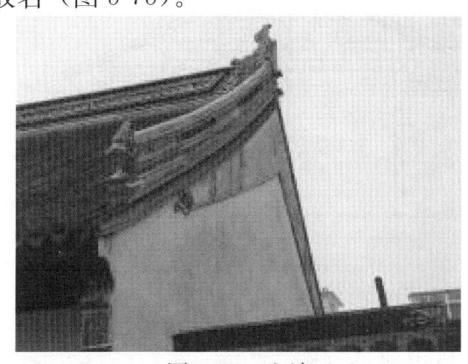

图 5-75　山墙

三山屏风墙：山墙高起若屏风状，而成三级者。

五山屏风墙：山墙高起若屏风状而成五级者（图 5-76、图 5-77）。

图 5-76　五山屏风墙实景
（局部）

图 5-77　五山屏风墙示意图

观音兜：硬山建筑中，山墙自檐口至屋脊呈曲线升起，近脊处隆起似观音背光，故名。实例中有半观音兜及全观音兜之分（图 5-78）。

图 5-78　观音兜示意图

出檐墙：也称"露檐墙"，檐墙墙顶仅及枋底，使梁头、枋子露明，椽头挑出墙外（图 5-79）。

168

包檐墙：也称"封檐墙"，檐墙顶叠涩出挑，将木构件封护于墙内（图5-80）。

半墙：矮墙，砌于半窗或坐槛之下（图5-81）。

图5-79 出檐墙　　　　图5-80 包檐墙　　　　图5-81 半墙

塞口墙：厅堂天井之前或两旁的高墙，以分隔前后的房屋或左右的天井（图5-82、图5-83）。

图5-82 园林里的塞口墙

图5-83 住宅塞口墙

照墙：墙门对街用作屏障的单墙，下用墙基，上复短檐，较讲究的墙面用砖细。也称照壁。衙署、大型邸宅墙门两侧作八字形的清水墙也有被称之为照墙的（图5-84、图5-85）。

垛头：山墙于廊柱以外部分，或墙门两旁之砖礅。北方称"墀头"。另一说专指这些砖墩上端，檐口一下部位（图5-86～图5-94）。

图 5-84　对街的照墙

图 5-85　墙门两侧的照墙

图 5-86　垛头

檐枋　垛头

半窗

墙身

半墙　勒脚

图 5-87　垛头示意图

图 5-88　墙体下部的勒脚

图 5-89　垛头下部的勒脚（一）

图 5-90　垛头下部勒脚（二）

图 5-91　飞砖式垛头

勒脚：位于墙体下部，较上部墙身放出一寸，一般高距地约三尺的部分。垛头在地面以上部分也被称之为勒脚。

图 5-92　纹头式垛头

图 5-93　朝板式垛头　　　　图 5-94　细壶式垛头

收水：墙之自下而上，渐渐向内倾斜内收的尺度。北方称"收分"。

吞金：垛头式样的一种（图 5-95）。

书卷：垛头式样之一（图 5-96）。

朝式：垛头式样之一种。

满式：垛头的兜肚或抛枋，四周起线，当中隆起者。

图 5-95　吞金式垛头　　　　　　图 5-96　书卷式垛头

博风：硬山山墙的上部，随前后坡砌出的博风形装饰砖带，称砖博风。也有用纸筋粉出的，称水作博风（图 5-97）。

抛枋：外墙上部，以清水砖或水作做成形似木枋的装饰带（图 5-98）。

图 5-97　博风　　　　　　　　图 5-98　抛枋

墙门：苏式建筑通常每进屋宇之后都用塞口墙分隔，当中辟

图 5-99　墙门

门，即为墙门。门头上做数重砖砌之枋，上或加牌科等装饰，复以屋面，其高度较两旁塞口墙略低（图 5-99）。

门楼：凡门头上施数重砖砌之枋；或加斗栱等装饰。上复以屋面，而其高度一般超出两旁塞口墙者（图 5-100、图 5-101）。

图 5-100　砖雕门楼

图 5-101　砖雕门楼示意图

三飞砖墙门：墙门上不用斗栱，而以三皮逐层挑出之砖替代（图 5-102、图 5-103）。

牌科墙门：做细清水砖砌墙门，屋面下用牌科，顶有硬山、发戗二式（图 5-104～图 5-107）。

荷花柱：墙门上，枋子两端作垂荷状的短柱（图 5-108、图 5-109）。

扇堂：墙门两旁垛头内，墙面作八字形的内凹。宽与门同，用作墙门开启时依靠之所（图 5-110、图 5-111）。

字碑：正脊或墙门上可以题写字额的部分。正脊字碑部分亦称"过脊枋"（图 5-112）。

图 5-102　三飞砖墙门（一）

图 5-103　三飞砖墙门（二）

图 5-104　硬山式牌科门楼

图 5-105　硬山式牌科示意图

图 5-106　发戗式牌科门楼　　图 5-107　发戗式牌科门楼示意图

图 5-108　荷花柱（一）　　　　　图 5-109　荷花柱（二）

图 5-110　扇堂（一）　　　　　图 5-111　扇堂（二）

图 5-112 字碑

锦袱：墙门上下枋子中央，施雕刻的部分（图 5-113、图 5-114）。

石槛：石制之门限（图 5-115）。

地栿：或作"地复"；用于墙门，铺于垛头扇堂间下槛下的石条（图 5-115）。

地方：装于石门槛中的铁门臼（图 5-116）。

套环：墙门石料上槛。

三飞砖：用砖三皮，逐皮挑出作为装饰，常用于墙门及垛头上（图 5-117）。

图 5-113　锦袱（一）

图 5-114　锦袱（二）

图 5-115　石槛与地栿

图 5-116　地方　　　　　　　　　　图 5-117　三飞砖

一块玉：墙门上的装饰，砖枋四周起线，两端作纹头装饰，中间作素平长方形，即为一块玉（图 5-118）。

兜肚：垛头中部呈方或长方形的部分，上雕有各种花纹（图 5-119）。

图 5-118　一块玉

图 5-119　兜肚

隐脊：墙门上，荷花柱的上端，耳形的饰物构件。

将板枋：做细清水砖墙门中，斗盘枋绕于荷花柱顶处，凸出的部分（图5-120）。

挂芽：做细清水砖墙门上，荷花柱上端，两旁的耳形饰物。

月兔墙：将军门下槛之下，高门槛两端，所砌的半墙。

顶盖：架于墙门垛头墙上，与上槛相平的石过梁（图5-121）。

图5-120　将板枋

图5-121　顶盖

墙檐：苏式传统墙垣的上端砌出的屋面形压顶（图5-122～图5-124）。

图5-122　墙檐构造示意图

图 5-123　墙檐正面　　　　　　　图 5-124　墙檐侧面

地穴：墙垣上所辟不装门的门宕（图 5-125～图 5-127）。

图 5-125　院墙上的地穴　　　　　图 5-126　亭构中的地穴

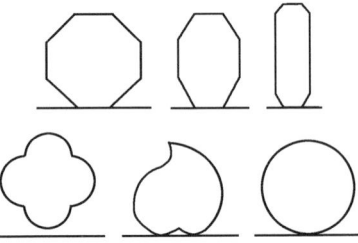

图 5-127　各式地穴示意图

宕子：门窗框宕之统称。

月洞：墙垣上所辟不装门窗扇的空宕（图 5-128、图 5-129）。

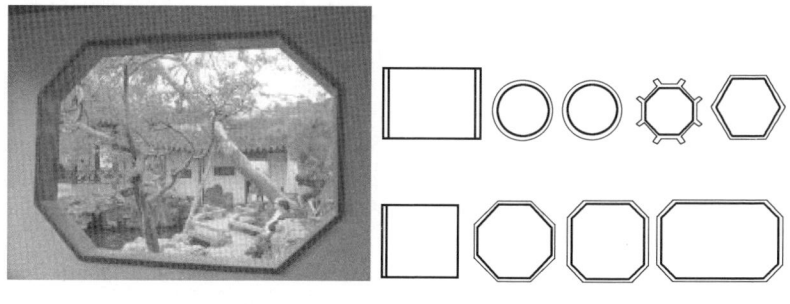

图 5-128　月洞　　　　图 5-129　各式月洞造型示意图

　　门景：用清水砖嵌砌门户框宕，砖的侧边起装饰线脚（图 5-130）。

图 5-130　各式水磨砖门圈角饰

图 5-130　各式水磨砖门圈角饰（续）

花墙洞：墙垣中所开空宕，以砖、瓦、木条构成各种图案，中空。以便凭眺及避外隐内之用。也称"漏墙"或"漏窗"（图5-131～图5-135）。

图 5-131　花式漏窗

图 5-132　琉璃漏窗　　　　　　图 5-133　砖瓦漏窗

实滚砌：墙垣砌法的一种，将砖逐皮扁砌。

空斗砌：一名"斗子砌"，墙垣砌法之一。以砖纵横相砌，中空似斗。有单丁、双丁、三丁、大镶思、小镶思、大合欢、小合欢等式。

花滚砌：墙垣砌法的一种，空斗与实滚相间砌筑。

图 5-136 为墙体的各种砌法。

图 5-134　水作漏窗

图 5-135　砖细漏窗

图 5-136　墙体的各种砌法

图 5-136 墙体的各种砌法（续）

罩亮：墙上加刷煤水及上蜡，使之光亮，称之为罩亮。

栏马：城墙上的城垛（图 5-137）。

城带：城墙土城内所砌的垂直砖墙。

城黄：城门左右城垛内所砌的垂直砖墙（图 5-138）。

图 5-137 栏马

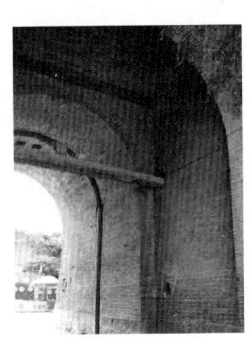

图 5-138 城黄

5.4 屋　　面

屋面工程一般指桁椽以上的施工，包括铺望砖、望板，覆瓦及筑脊。但在传统建筑施工的工种分工时钉望板仍归木工，而铺望砖及覆瓦、筑脊则属水作瓦工。苏式建筑的屋面施工因建筑等级的不同其做法也有一定的差异。

出檐：屋顶伸出墙面或檐桁外的部分（图 5-139、图 5-140）。

图 5-139　出檐（一）

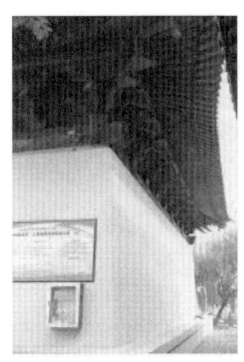

图 5-140　出檐（二）

脊：相邻两屋面相交之处。以歇山屋顶为例，有正脊、竖带、水戗（图 5-141、图 5-142）。

图 5-141　脊

正脊

竖带

水戗

图 5-142　脊的构造

脊威：正脊最高弯起部分。

正脊：前后屋面交界处所筑的脊（图 5-143～图 5-145）。

回顶：屋顶不用正脊，前后两屋面前后兜通。类似于北方的卷棚（图 5-146）。

竖带：殿庭建筑自正脊两端沿屋面下垂的脊。北方称"垂脊"（图 5-147～图 5-149）。

185

图 5-143　正脊细部

图 5-144　殿庭正脊

图 5-145　厅堂正脊

图 5-146　回顶

图 5-147　歇山竖带

图 5-148　硬山竖带

图 5-149　竖带细部

水戗：四坡顶建筑两相邻屋面相交形成的斜脊（图 5-150、图 5-151）。

赶宕脊：歇山屋顶落翼上与水戗成 45°相连的脊。北方称博

图 5-150　殿庭水戗

图 5-151　厅堂水戗

脊（图 5-152、图 5-153）。

图 5-152　赶宕脊（一）

图 5-153　赶宕脊（二）

戗角：即屋角，北方称翼角。苏地的戗角有水戗发戗和嫩戗发戗两种（图 5-154、图 1-155）。

图 5-154　戗角（一）

图 5-155　戗角（二）

水戗发戗：发戗意为"使（屋角）起翘"，"水戗发戗"即利用水戗（斜脊）形成屋角翘起的形式或方法（图 5-156～图 5-160）。

图 5-156　水戗发戗
（一）　　　图 5-157　水戗发戗
（二）　　　图 5-158　水戗发戗
（三）

图 5-159　水戗发戗（四）　　　　　图 5-160　水戗发戗（五）

嫩戗发戗：嫩戗属屋角木构件，故"嫩戗发戗"是以屋角角木架中的嫩戗使屋角产生翘起的形式或方法（图 5-161）。

通脊：用于正脊的空心砖料，以代砖砌的五寸宕或三寸宕。

龙吻：正吻的一种，殿庭正脊两端，是龙头形翘起的饰物（图 5-162、图 5-163）。

鱼龙吻：殿庭建筑的正吻，位于正脊两端，作鱼龙形的饰物（图 5-164）。

游脊：最为简单的正脊，用瓦斜铺相叠而成（图 5-165）。

甘蔗脊：平房正脊式样之一。筑脊两端作简单方形回纹（图 5-166）。

雌毛脊：正脊的一种。正脊两端的脊饰细长上翘。又名"鸥尾脊"或"鼻子"（图 5-167）。

图 5-161　嫩戗发戗

图 5-162　龙吻（一）

图 5-163　龙吻（二）

图 5-164　鱼龙吻

图 5-165　游脊

图 5-166　甘蔗脊

图 5-167　雌毛脊

纹头脊：正脊两端翘起，作各种复杂的屈曲纹饰，故称为"纹头脊"（图 5-168、图 5-169）。

哺鸡：筑脊两端作鸟形之饰物。有此哺鸡者称哺鸡脊，有开口哺鸡于闭口哺鸡之分（图 5-170）。

哺龙：筑脊两端有龙首形之饰物，称其脊为哺龙脊（图5-171）。

攀脊：正脊与前后屋面相接的部分。前后屋面相交处，先砌出高于盖瓦二至三寸的矮墙，即为攀脊。其上砌筑正脊（图5-172）。

图5-168　纹头脊（一）

图5-169　纹头脊（二）

图5-170　哺鸡脊

图5-171　哺龙脊

排山：歇山顶侧面，竖带之下，博风板之上横向排列的瓦屋檐，北方称"排山沟滴"（图5-173）。

滚筒：正脊下部分成圆弧形之底座。用两个筒瓦对合筑成（图5-174、图5-175）。

瓦条：屋脊用望砖砌成突出的装饰线条（图5-174、图5-175），厚约一寸。

亮花筒：屋脊漏空部分，中以五寸筒对合砌成金钱形（图5-174、图5-175）。

图 5-172　攀脊

图 5-173　排山

交子缝：砌二路瓦条时，中间距离寸余的凹进部分（图 5-174、图 5-175）。

盖筒
交子缝
亮花筒
字碑
亮花筒
瓦条
滚筒

图 5-174　屋脊各部位构造名称

盖筒
交子缝
亮花筒
字碑
亮花筒
瓦条
滚筒

图 5-175　屋脊实例名称对照

盖筒：屋脊最上端用筒瓦砌成的压顶条（图 5-174、图 5-175）。

楞：一排屋面盖瓦称作"一楞"，也叫作"一陇"。

豁：指两瓦楞或椽子间的空档。

底瓦：屋面仰铺的瓦片，一般在两片仰瓦之间上覆盖瓦，所以称作"底瓦"（图 5-176）。

盖瓦：俯置之瓦。复于两底瓦之上（图 5-176）。

图 5-176　底瓦与盖瓦

黄瓜环：亦称"黄瓜环瓦"，瓦的一种，弯形如黄瓜状。回顶建筑屋脊处不用正脊，于前后屋面交界处盖黄瓜环，使屋面前后兜通（图 5-177）。

钩头筒：用于檐口的筒瓦，前端作圆形舌片状（图 5-178）。

花边：用于檐口的盖瓦，其边缘作曲折花纹，故名（图 5-179）。

滴水：檐口处的底瓦，这种底瓦前端有如意形舌片下垂者（图 5-180）。

望砖：砖的一种，铺于椽上，用以堆瓦及避尘。有八六望砖、方望砖等。

望板：椽上所铺的木板，以承屋瓦，代望砖之用（图 5-181）。

大帘：竹帘，或芦帘，造厅堂翻轩时，铺于草架内望砖之上，再糊灰砂，使望砖固定（图 5-182）。

小南瓦：瓦的一种，用以铺屋面。

人字木：用于底瓦间，盖瓦下的分楞木条，用短木做成人字形使之固定。

图 5-177　黄瓜环瓦

图 5-178　钩头筒瓦

图 5-179　花边

图 5-180　滴水

图 5-181　望砖

图 5-182　大帘

天王：殿庭屋顶竖带下端的人形饰件（图 5-183、图 5-184）。

坐狮：殿庭水戗上之脊兽，用以装饰（图 5-185）。

走狮：殿庭水戗上的装饰脊兽（图 5-185）。

檐人：殿庭檐口处盖瓦上的小瓦人装饰。也称"帽钉"或"钉帽子"（图 5-186）。

吞头：水戗戗根的兽头形饰物，张口作吞物状（图 5-187）。

缩率：屋顶水戗及竖带三寸宕下端所作的回纹形花饰。

花篮靠背：竖带下端及水戗间，用砖砌成靠背状，以承天王、坐狮等饰物。

螳螂肚：在竖带下端，花篮底下瓦楞间的饰物，形如螳螂，故名。有时也称其为"托泥当沟"。

图 5-183　天王（一）

图 5-184　天王（二）

图 5-185　坐狮与走狮

图 5-186　檐人

图 5-187　吞头

图 5-188 为各式瓦件示意图。

勾头狮：亦作"钩头狮"。殿庭水戗尖端，连于钩头筒上的饰物（图 5-188）。

194

図中标注：
哺龙　钩头狮　走狮　坐狮　广汉
天王　鱼龙吻
钩头筒　筒瓦　板瓦　花边
龙吻　滴水　黄瓜环瓦　插花通脊

图 5-188　各式瓦件示意图

晴落：即排水天沟，沿檐口安置，以汇聚屋面雨水，使之注入落水管。

天沟：屋面檐口前若有附屋屋顶、檐墙阻挡，排水所需设置的沟槽，称作天沟。

合漏：两屋面相合处的斜沟，为排水之用。

马槽沟：屋面排水用瓦件，作马槽形。

注水：垂直的落水管。其上承晴落、天沟、合漏等处的水，使水下注。

天幔：于天井上建屋顶。辟天窗以采光。

膝裤通（套筒）：铁制的塔刹套柱，套于塔心木外，与相轮相连，有装饰的作用。

天王版：亦称"圆光"。塔顶装于第八套膝裤通，相轮外侧似力士飞仙等的装饰件。

凤盖：或称"宝盖"、"华盖"，塔顶第八套膝裤通上，第七相轮之间，为龙凤或起突宝盖的饰物。以承珠球（宝珠）。

合缸：塔刹下部与塔顶结合处，其形如复钵。故也称"复钵"。

莲蓬缸：塔顶的饰物，下为仰莲座，上套合尖之葫芦。亦可称仰莲。

相轮：塔顶的铁圈，有数套，串于中央刹柱上，俗称"蒸笼圈"。

旺链：塔顶天王版手中所拉挂的铁链。

珠球：塔顶凤盖上珠形装饰物。也称宝珠。

葫芦尖：塔尖所用的葫芦形装饰宝顶。

腰檐：厅堂类建筑的楼房，在楼层与底层之间常常设置一条通长的屋面，即为"腰檐"。宝塔各层之间的出檐，也称"腰檐"（图 5-189）。

图 5-189　腰檐

5.5　装饰线脚

在传统建筑的棱边以及各类雕饰中往往施用各种线脚予以装饰，若将这些线脚分解，其实都是一些大小不同的圆弧，用采用了不同的组合，使之变得丰富多彩，且美轮美奂。为加工这些线脚，工匠们制作了不同形状、不同规格的槽刨，使之变得容易操作。

文武面：线脚的一种，用于装饰，其断面为亚面与浑面相接（图 5-190）。

图 5-190　文武面

亚面：内凹而带圆棱的线脚。也称"混"（图 5-191）。

图 5-191　亚面

浑面：线脚的一种，其断面在看面凸出成半圆形。

梱面：装折构件上所用的装饰线脚的一种，其看面微凸，棱边作圆弧形（图 5-192）。

图 5-192　梱面

木角线：线脚的一种，用于装饰，其断面于转角处呈相连的两个小圆线（图 5-193）。

合桃线：装饰线脚的一种。其断面中部有小圆线，两旁成数圆线，似合桃壳（图 5-194）。

图 5-193　木角线　　　　　　　图 5-194　合桃线

仰浑： 仰置的浑面起线。北方称"上枭"（图 5-195）。

托浑： 复置的圆形线脚。北方称"下枭"（图 5-195）。

束编细： 用于墙门的起线，面平呈带状的砖条，介于仰浑、托浑之间（图 5-195）。

束细： 连于托浑或仰浑，面呈方形的起线线脚，较束编细狭。

壸细口： 砌砖逐皮出挑，断面作葫芦形之曲线，苏地称壸细口（图 5-196）。

勒口： 石科棱边转角处斩出的一路光口。

插枝： 花篮内所插花枝，亦称挂芽。

图 5-195　仰浑、托浑与束编细

图 5-196　壸细口

复习思考题

1. 看图填充题

（1）看清图 5-197，将图中编号的地方填上适合的名称。

（2）看清图 5-198，将图中编号的地方填上适合的名称。

（3）指出图 5-199 属于哪种类型的铺地。

（4）写出图 5-200 中垛头的名称。

（5）看图 5-201，写出下列漏窗的名称。

图 5-197　第（1）题图

①（副阶沿）；②（菱角石）；③（磉石）；④（侧塘石）。

图 5-198　第（2）题图

答：①［荷花瓣（仰莲）］；②（宿腰）；

③［荷花瓣（覆莲）］；④（拖泥）。

图 5-199　第（3）题图

答：从右至左依次为：花街（卵石）铺地、花街（砖石）铺地、
黄道砖（人字）铺地、碎石（冰纹）铺地。

图 5-200　第（4）题图

答：①（壶细口）；②（朝板式）；

③（吞金式）；④（书卷式）。

图 5-201　第（5）题图

答：①（琉璃漏窗）；②（水作漏窗）；③（花式漏窗）；④（砖细漏窗）。

（6）看图 5-202，写出下列屋脊的名称

① ② ③

④ ⑤

图 5-202　第（6）题图

答：①（甘蔗脊）；②（纹头脊）；
③（雌毛脊）；④（哺鸡脊）；⑤（游脊）。

（7）看图 5-203，写出标注数字的屋脊各部名称。

图 5-203　第（7）题图

答：①（盖筒）；②（交子缝）；③（亮花筒）；④（字碑）；
⑤（亮花筒）；⑥（瓦条）；⑦（滚筒）。

（8）看图 5-204，写出标注数字的瓦件的名称。

①   ②   ③   花边

④   ⑤   插花通脊

图 5-204　第（8）题图

答：①（钩头筒）；②（筒瓦）；③（底瓦）；

④（滴水）；⑤（黄瓜环瓦）。

2. 看图描述题

（1）图 5-205 是苏州光福圣恩寺前的一座牌楼，请根据学过的古建基本知识对这座牌楼的形状、制式进行简单描述。

图 5-205　第（1）题图

参考答案：

牌楼是圣恩寺最前面的一幢建筑，制式为三间四柱三楼，花岗石砖木混合结构，琉璃瓦庑殿式屋檐，吻兽衔脊，戗角起翘。斗盘枋上为木构，斗栱齐攒，层层出跳。典雅的象鼻昂是苏南地区的通常做法。明间宽敞高爽，两侧次间肩落。石柱底部前后均镶嵌抱鼓石。额枋以花岗石凿成，镌刻"二龙戏珠"图案。额枋正面题"三吴古刹"四字。整座牌楼巍然耸立，古朴庄严，形成阅读这座千年古刹的一篇序言。

（2）图 5-206、图 5-207 为位于临顿路钮家巷内的"潘世恩故居"的"纱帽厅"旧照，现在该建筑已改建为"苏州状元博物馆"的展厅。请根据图片运用古建基本知识对"纱帽厅"进行简单描述。

图 5-206　纱帽厅外景

图 5-207　纱帽厅内景

参考答案：

"纱帽厅"坐落在潘世恩故居的西落第三进，厅前有小庭院，还保留部分黄石假山。院东与备弄间隔墙上有一排直线花格图案漏窗；厅的基台前有石阶两级。厅面阔三间，厅堂的明间向外凸起，平面形态宛如一顶"乌纱帽"：明间前加抱厦犹如帽顶，东西次间后带两披厢则如帽翅，"纱帽厅"由此得名。"纱帽厅"的木构采用扁作梁，以前、中、后三道船篷轩相连，形成满堂翻轩。柱及础为方形，东西内山墙贴水磨砖勒脚，墙上各设壁橱两口。明间松鼠葡萄纹飞罩雕刻极其精细，具有较高艺术价值。东西两壁嵌有壁橱，黑漆橱门刻折枝梅花天酒地。（东侧边门上刻有对联"八坐起文昌，一经传旧德"。）

附录一 香山帮古建筑类型图释

香山帮建筑从等级上可以分为殿庭、厅堂和平房三类；在屋顶形式上可分为四合舍、歇山、三间两落翼、悬山、硬山、单檐、单坡、攒尖等；建筑又有单檐和重檐之分，而楼房虽有时也用两层屋面，但不称重檐，其下层称"腰檐"；那些建筑因位置、形式又有厅、堂、楼、阁、厢、榭、轩、舫、亭、廊之类的类型。下面结合建筑的实例图片对各类型建筑和建筑的名称进行解释：

殿庭 是香山帮建筑等级最高的形制，相当于宋《营造法式》中的"殿堂"或清代官式建筑中的"大式建筑"，其尺度较大、结构复杂、装饰华丽，通常用于衙署、大型寺观以及一些纪念先贤的祠祀之中。

厅堂 较殿庭规模稍小、结构略微简洁，但仍有一定装饰的被称作厅堂，与宋《营造法式》中的"厅堂"相近，主要用于富裕之家，作为应酬、居住之处或宗祠、祭祀之所的主体建筑。其构造中梁的断面用矩形的称为扁作厅；用圆料则称圆堂。

平房 香山帮建筑中，最为普遍的大量性的建筑称平房。通常，平房也可解释为单层建筑，但这里所指是规模较小、结构简单、不用或极少使用装饰的建筑类型，与清代北方的"小式建筑"相类似，被大量用于普通民居和店铺、作坊之中。一些寺观、衙署、府邸的附属建筑往往也采用平房的形制，以突显主体殿庭、厅堂。

附图 1-1 为殿庭、厅堂和平房的示意图

四合舍 殿庭建筑屋顶样式之一，为最高等级，四坡顶，用五条屋脊。似北方的"庑殿顶"，但不用"收山"处理。如今在苏州仅存一例，即府学（文庙）大成殿。如附图 1-2。

平房　　　　　厅堂　　　　　殿庭

附图 1-1　殿庭、厅堂和平房的示意图

歇山　殿庭建筑屋顶形式的一种，上部两坡，屋面挑悬于山花之外，似悬山；下部四坡，檐口四面兜通。如今苏地一些大型寺观中还常可见到，如玄妙观的山门、三清殿，西园寺的天王殿、大雄宝殿等。如附图 1-3。

附图 1-2　苏州文庙大成殿

附图 1-3　苏州玄妙观三清殿

落翼　指四坡屋顶的殿庭左右两梢间。

五间两落翼　类似于七开间的歇山顶建筑，但不同于歇山顶的是上部两坡屋面止于山花，不出挑，与硬山顶相似。下部四坡，四面檐口兜通，山面坡顶与下部侧廊一致。苏州园林中的许多厅堂多用这样的屋顶，如留园的林泉耆硕之馆、拙政园的倚玉轩等。如附图1-4。

悬山　即将桁头伸出山墙之外，上架屋面的屋顶结构形式。过去等级较低的传统建筑大多用土坯砖砌筑墙垣，将屋面伸出山墙就是为了保护墙体。随着用砖的普及，此类屋顶在今天已经较少见到。如附图1-5。

附图1-4　拙政园倚玉轩

附图1-5　悬山建筑

硬山　明清时期，苏州地区城镇的迅速发展，是城区人口剧增，用地紧张，所以这些地方的一般民居也逐渐使用砖墙，于是硬山建筑被广泛用于各类建筑之中。硬山是指山墙伸出屋面或止于屋面的一种屋顶形式，有用于殿庭的，如苏州文庙的明伦堂，更多的是用于各种厅堂和平房建筑。如附图1-6。

单檐　普通建筑，包括等级不是最高的殿庭通常仅有一重屋面，即称之为"单檐"建筑。如附图1-7。

附图1-6　硬山建筑

附图1-7　单檐

重檐　等级较高的殿庭建筑，虽为单层，但使用二重出檐，称之为"重檐"建筑。如附图1-8。

厅堂　厅与堂原先在功能上具有一定的差异，"古者治官之所谓之听事"，即厅也。而"当正向阳"之正室谓之堂。明清以降，建筑已无一定制度，尤其园林建筑，常随意指为厅，为堂。在江南，有以梁架用料进行区分的，用扁方料者曰"扁作厅"，用圆料者曰"圆堂"。如附图1-9、附图1-10。

附图1-8　重檐

附图1-9　扁作厅

对照厅　在苏州的中小园林中，常将厅堂坐北朝南，以争取最好的朝向。但受阳光逆射的影响，自北向南观赏山石花木时，常使山水层次减弱，尤其在夏日，更令景物变得朦胧模糊，因此稍大的园林就采用两厅夹一园的处理。南北两厅形制相同，中间凿池堆山，莳栽花木。北厅可南向观景，宜于秋冬；南厅则北向开敞，宜于春夏，江南称其为"对照厅"。如附图1-11。

附图 1-10　圆堂

附图 1-11　苏州文庙西路花园的对照厅（现在为文庙市场治安管理处）

鸳鸯厅　园林稍大，有将厅堂居中，南北分别布置景物，南侧点缀峰石花木，进深较浅；北园掇山理水，园景深远，厅堂则体量较大，中以屏风门、纱隔、落地罩界分前后，以便随季节的变化而选用，苏州地区将这种建筑叫做"鸳鸯厅"。为示变化，鸳鸯厅的前后采用不同的梁架，一是圆料，一是扁作，甚至室内的装修、家具、陈设都前后不同，以与构架向协调，使其形象与构造都似两厅合一。如留园的五峰仙馆等。如附图1-12。

四面厅　在更大的园林或有四面观景需要者，则用"四面厅"，其两山面都用半窗（槛窗）取代实墙，使四面通透，以便周览。如拙政园的远香堂（附图1-13）、网师园的小山丛桂轩等。

附图 1-12　留园五峰仙馆

附图 1-13　苏州拙政园远香堂

附图 1-14　府邸中的堂楼

楼阁　楼阁在我国古代已属高层建筑，亦为园林常用的建筑类型。原初楼与阁分属两种不同的建筑类型。从功能上说，古有"楼以住人，阁以贮物"之言。此外在构造上还有"出檐长椽为楼，短椽为阁"的区别。园林中另有一种单层的阁则完全不同于楼，一边就岸，一边架于水中，如苏州网师园的濯缨水阁、狮子林的修竹阁等，极似南方山区的干阑式建筑，据推测此类水阁是由古代的阁道演变而来。如附图 1-14～附图 1-18。

附图 1-15　园林中的楼
（拙政园见山楼）

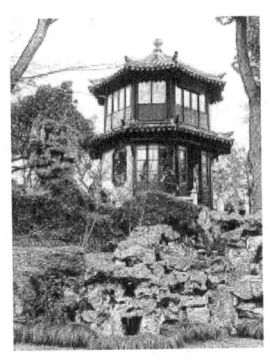

附图 1-16　园林中的阁
（拙政园浮翠阁）

轩　从词义上看，"轩"有两种不同的含义，一为"飞举之貌"；一为"车前高曰轩"。香山帮建筑的轩亦由此衍生而来，故一是指一种单体小建筑。计成以为，轩"宜置高敞，以助胜则称"。如留园的闻木樨香轩等常居高临下，可于下处仰望，似有升腾飞动之感。另一是指厅堂前部的构造部分。如附图 1-19。

榭　榭的原义是指土台上的木构之物，与我们今天所能见到的榭相去甚远。明人计成的理解是："《释名》云，榭者籍也。籍

210

附图 1-17　耦园山水间

附图 1-18　网师园濯缨水阁
和月到风来亭

景而成者也。或水边或花畔，制亦随态"。可见明清园林中的榭
并不以建筑的型制来命名，而是依据所处的位置而定。如水池边
的小建筑可称水榭，赏花的小建筑可称花榭等。如附图 1-20。

附图 1-19　园林里的轩

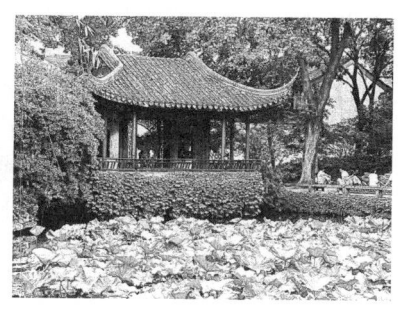

附图 1-20　园林中的榭

斋　洁身净心是为斋戒，所以修身养性的场所都可称其为
"斋"，于是斋就没有了固定的型制，燕居之室、学舍书屋均能名
之为斋。现存的古典园林中称斋的建筑亦各不相同。可以是一座
完整的小园，亦可为一个庭院如网师园的殿春簃小院（原称书
斋），更多的则为单幢小屋。尽管名斋的建筑各有所宜，但共同
的特点就是环境幽邃静僻，能令人"气藏致敛"、"肃然斋敬"。
如附图 1-21。

馆 《说文》将"馆"定义为客舍，也就是待宾客，供临时居住的建筑。古典园林中称"馆"的建筑既多且很随意，无一定之规可循。大凡备观览、眺望、起居、燕乐之用者均可名之为"馆"。一般所处地位较显敞，多为成组的建筑群。苏州拙政园的三十六鸳鸯馆（附图1-22）、十八曼陀罗馆则是同一座厅堂的前后部分。

附图1-21 网师园殿春簃

附图1-22 拙政园三十六鸳鸯馆

舫 舫原是湖中一种小船，供泛湖游览之用，常将船舱装饰成建筑的模样，画栋雕梁，故称"画舫"。江南古典园林水面狭小，不能荡桨泛舟，于是创造了一种船形建筑傍水而立，这就是"舫"。其形制一般基座用石砌成船甲板状，上部木构，呈船形。舱体通常又被分作三份，船头处作歇山顶，前面开敞，较高；中

附图1-23 拙政园香洲

附图1-24 退思园旱舫

舱略低，作两坡顶，其内用槅扇分出前后两舱，两边设和合窗，用于通风采光；尾部作两层，似舵楼，上层可登临，顶用歇山形。如怡园画舫斋、拙政园香洲等。如附图1-23。

旱船 筑于水中，仿船形的建筑物。同舫。也有建在庭园之中的仿船形的建筑，称旱船。如附图1-24。

亭 亭是园林之中数量最多的建筑。我国的古典园林可以说无园不亭，亭的主要功能是供游人作短暂的逗留，即《释名》所谓"亭者停也，人所停集也"。亭的体量大多较小，但形式相当丰富，就今天所能见到的，其平面有方形、圆形、长方、六角、八角、扇面等诸多形

附图1-25　方亭

式，屋顶亦有单檐、重檐、攒尖、歇山等样式。如附图1-25～附图1-29。

附图1-26　六角亭

附图1-27　扇亭

廊 确切地说廊并不能算作独立的建筑，它只是一种狭长的通道，用以联系园中建筑而无法单独使用。廊能随地形地势蜿蜒起伏，其平面亦可屈曲多变而无定制，因而在造园时常被用于分隔园景、增加层次、调节疏密、区划空间的重要手段。如附图1-30、附图1-31。

边楼 园林之中，廊大多沿墙设置。或紧贴围墙，或将个别廊段向外曲折，与墙之间形成大小、形状各不相同的狭小天井，

附图 1-28　八角亭

附图 1-29　笠亭

附图 1-30　游廊

附图 1-31　跨水廊

其间植木点石，布置小景。而在有些园林，为造景的需要也有将廊从园中穿越，两面不依墙垣，不靠建筑，廊身通透，使园似隔非隔。这样的空廊也常被用于分隔水池，廊子低临水面，两面可观水景，人行其上，水流其下，有如"浮廊可渡"。园林之中还有一种复廊，可视为两廊合一，也可以为是一廊中分为二，其形式是在一条较宽的廊子中间沿脊桁砌筑隔墙，墙上开漏窗，使内外的园景彼此穿透，若隐若现，从而产生无尽的情趣。随山形起伏的称爬山廊，有时可直通二层楼阁。另外还有一种上下双层的游廊，用于楼阁间的直接交通，或称边楼，这在我国古代的早期则名之为复道，即古书所谓"复道行空"，故也称复道廊。如附

图 1-32。

廒房　即仓房，堆食粮之所。若堆置货物则称栈房。

河棚　滨河的凉棚。如附图 1-33。

附图 1-32　两层的游廊或称边楼

附图 1-33　河棚

凉棚　户外搭架，上覆芦席，以遮阳取凉。如附图 1-34。

船舫　泊船之所。前面或四周开敞，上建屋顶。如附图 1-35。

附图 1-34　菜地边的凉棚

附图 1-35　无锡荡口的船舫

附录二 香山帮工匠的行话

汉语除了通常应用的语言以外，在各种工匠中还有一种称"切口"或"行话"的语言，这不是一般人所能听到懂的。它是一种以遁辞隐义来表达某一种小群体所共知得某些事物，是一种具有回避人知和带有游戏性质特征的语言。这种语言的形成，追根溯源当与"忌讳"有关，是社会文化积淀的产物。

我国的五行八做，三教九流都有各自的切口。吴县胥口的香山帮工匠也不例外。他们的内部行话，实是看也看不懂，听也听不明。今挑选摘录如下，以飨读者。

匠人——两象牛筋　　　　　　木匠——木角两

泥水匠——水落里　　　　　　工头——蛇流子

工头助手——铁臂手　　　　　斧头——三十六

锯子——额带　　　　　　　　榔头——汉朝手

泥刀——两面三　　　　　　　绳子——添嘴落；万里长

钉子——瘦骨伶或多三里　　　水石灰——里零

瓦爿——勃梅或罗呆　　　　　砖头——乱留

松树——毛勃龙　　　　　　　破旧木料——落旦

泥水木匠的工具——赖郎　　　做生活——郎切

泥灰涂得薄点——落爿　　　　泥灰涂得厚点——镂够短——督乱

长——蛇良　　　　　　　　　墙塌——土泥烂

做窗不合缝——束季　　　　　东家为人奸刁——曲留

东家——龙堆拉　　　　　　　钱——七连

上工——露一露　　　　　　　工间休息——露一息

香烟——沙香影见　　　　　　早点走——正老壳漏

没有茶喝——活伦吞无　　　　茶——罗瑞

吃——牵山　　　　　　　　　吃饭——牵山木阿二

216

早吃饭——正老阿二	晚吃饭——恶盖阿二
吃粥——牵山尺一六	鱼——瓦伦
慢——摸板	多——哆噜
少——束早	大——独拉
小——束叫	偷——拖留
拿——落帚	看——肯南
灵——拿顶	好——老海
帚——百格烂	老——落刀
酒——捉漏或足三	脊柱——立尖理治
双步——行双里步	桁条——瓦梗条
椽子——乱	快——阔拉
团子——乱瑞里	菜——出南
妻子——拉夷	钟——龙醉
砌墙头——触漏蛇	粉墙——腊丕蛇将里
门——轮梅	衣裳——越几郎
裤子——罗块里	小工——束叶龙
料——落吊	没了料子了——落吊蒙
爷——扭扭脚	儿子——肉几子

生活要做得好点——郎切罗得很高点

提早息工——小菩萨或正老蓄积

墙角砌得勿直、柱子立得勿直——老旦

墙头凸肚皮——罗特布里独柱

香山帮行话从修辞方式来看，不外乎反切、摹状、藏词、谐音、借代、析字六种。这种行话从无文字记载，全靠内部工匠口耳相传，流传几百年。不懂行话的人，听之如闻鸟语，但香山帮工匠们却能心领神会。现在，在青年匠人中，已经知之甚少了。

主要参考文献

1. 李金明，周建忠. 古建筑瓦工. 北京：中国建筑工业出版社，2004

2. 冯晓东，雍振华. 香山帮建筑图释. 北京：中国建筑工业出版社，2015

3. 冯晓东. 承香录：香山帮营造技艺实录. 北京：中国建筑工业出版社，2012

4. 越研主编. 建筑识图与构造（第二版）. 北京：中国建筑工业出版社，2008

5. 苏州园林发展股份有限公司，苏州香山古建园林工程有限公司. 苏州园林营造技艺. 北京：中国建筑工业出版社，2012

6. 李洲芳. 苏派建筑香山帮. 北京：中国诗词楹联出版社，2014

7. 苏州民族建筑学会. 苏州古典园林营造录. 北京：中国建筑工业出版社，2003